주거 인테리어 해부도감

JUUTAKU INTERIOR NO KAIBOU ZUKAN
© KIWA MATSUSHITA 2011
Originally published in Japan in 2011 by X-Knowledge Co., Ltd.
Korean translation rights arranged through Eric Yang Agency Inc. SEOUL.
Korean translation rights © 2013 by The Soup Publishing Co.

이 책의 한국어판 저작권은 EYA(Eric Yang Agency)를 통한
저작권자와의 독점 계약으로 도서출판 더숲에 있습니다.
저작권법에 의해 한국 내에서 보호를 받는 저작물이므로 무단전재와 복제를 금합니다.

부엌, 거실, 욕실, 수납, 가구에 이르기까지 세계적 거장 11인의 지혜를 빌리다
주거 인테리어 해부도감

마쓰시타 기와 지음 | 황선종 옮김

더숲

이 책에 등장하는 디자이너 관계도

이 책은 11인의 여성 디자이너의 작품을 토대로 주거 인테리어와 가구에 대해 설명하고 있습니다. 근대 건축의 4대 거장과 디자이너들의 관계를 그림으로 소개합니다.

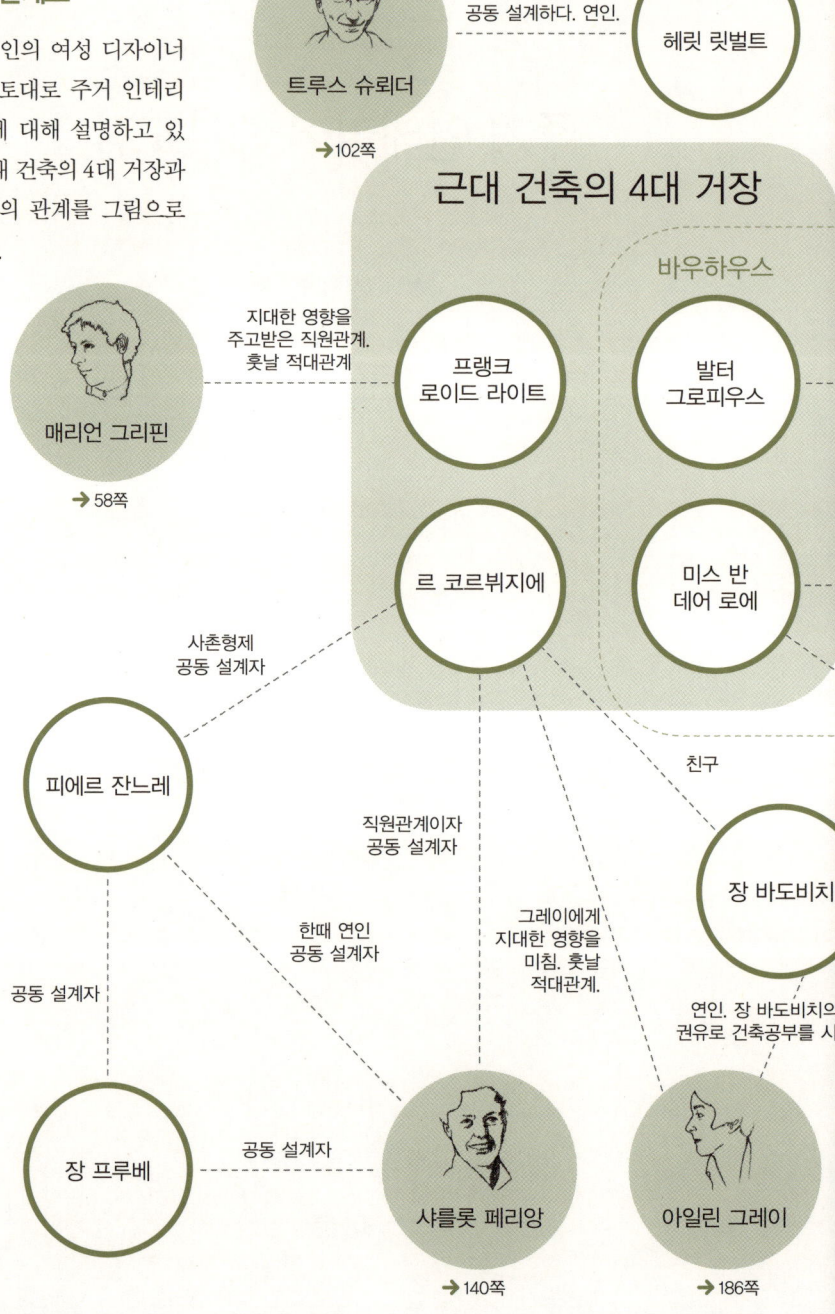

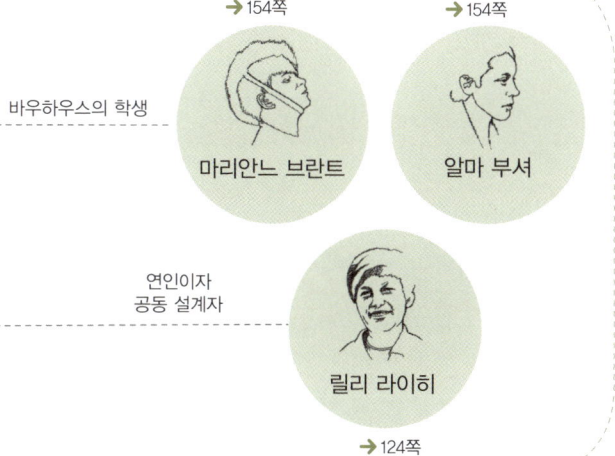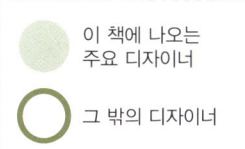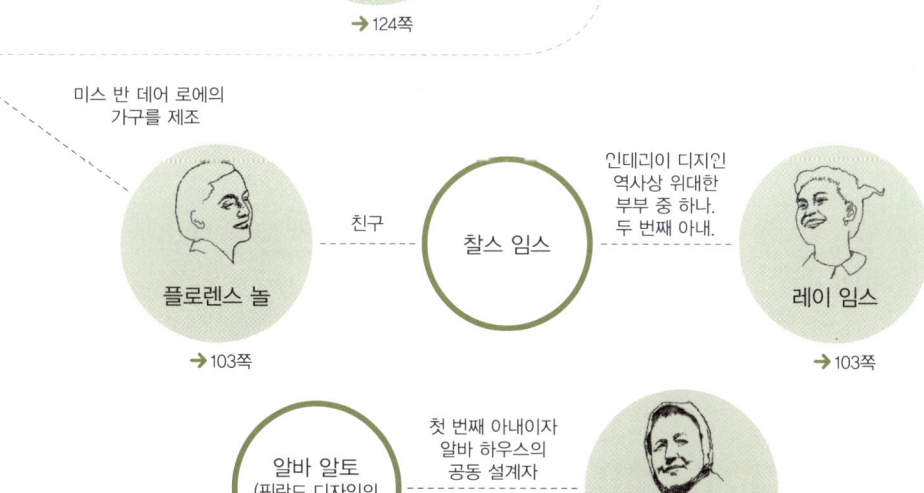

머리말

새로운 생활양식을 이루어낸
신선한 시각을 만나다

　이 책을 읽고 있는 당신은 아마 세련되고 멋진 인테리어로 집을 꾸미고 싶거나 그렇게 멋진 집에서 살고 싶은 사람일 겁니다.
　주거 인테리어는 건물의 내부 장식을 설계만 하면 완성되는 것이 아닙니다. 가구, 조명기구, 가정용구 등이 조화롭게 갖추어졌을 때 비로소 안락한 집이 될 수 있기 때문입니다. 물론 그 모든 것을 자신이 직접 디자인할 기회는 좀처럼 생기지 않습니다.
　또한 인테리어가 빈틈없이 잘 갖추어져 있으면 마음이 불편해지는 경우도 있습니다. 이렇게 일상생활과 밀접하게 관련되어 있기 때문에 인테리어는 아름답기만 해서는 안 되며 실용적이어야 합니다. 이런 점들을 전부 고려해야 하기 때문에 주거 인테리어는 결코 쉽지 않은 일입니다. 하지만 전체적인 조화를 생각해서 인테리어를 한다면 충분히 마음 편히 지낼 수 있는 공간을 만들어낼 수 있겠지요.

　이 책은 인테리어를 어떻게 설계하고, 내부 장식 요소를 어떻게 조합하면 안락한 집을 만들 수 있는지에 대해 소개합니다. 유명 디자이너가 만들어낸

　명작 인테리어를 소재로 삼아 거기서 지혜를 빌려왔습니다.
　이 책에서 소개하는 인테리어는 다른 어떤 시대보다 건축가들이 '주거'라는 주제에 정면으로 마주섰던 시대, 20세기 전반에서 중반 무렵에 디자인된 것입니다. 근대의 생활양식이 이 시기에 비롯되었을 뿐만 아니라, 뛰어난 디자이너들이 근대적인 생활에 어울리는 쾌적한 인테리어를 구상하는 데 큰 힘을 기울였습니다. 그 당시와 현재의 생활방식이 다르긴 하지만, 이 책은 명작 인테리어의 뛰어난 점을 오늘날의 우리 생활에 적용시켜 설명하고 있습니다.

　책에는 11명의 여성 디자이너가 등장합니다. 그 중에서 일반인들에게 거의 알려지지 않은 인물도 있습니다. 하지만 이 사람들을 선택한 이유가 있습니다.
　하나는 그녀들이 주거 인테리어에 있어 뛰어난 전문가이기 때문입니다. 여성이 처음 디자인 분야에 진출했을 때 그녀들은 부엌이나 아이들 공간 등 가정에 관한 분야에서만 활동할 수 있었습니다. 하지만 그녀들은 디자이너

7

라는 생산자인 동시에 그 이용자이기도 했습니다. 따라서 그녀들이 작업한 디자인은 겉모양이 아름다울 뿐만 아니라 실제 사용하기도 편리했기 때문에 지금도 응용하기 쉽고 그 가치가 퇴색되지 않는 것입니다.
　또 다른 하나는 그녀들의 시점이 당시의 남성 건축가들과 달랐기 때문입니다. 디자인은 성별에 따른 차이가 없는 분야이지만, 다른 사람과 동일한 발상으로는 결코 참신한 디자인이 나오지 않습니다. 근대 건축의 거장들은 여성의 다른 시점에 감탄하고 처음으로 받아들이고 함께 작업했습니다. 이 책의 앞에 나오는 관계도를 보면 알 수 있겠지만, 미국의 위대한 건축가 프랭크 로이드 라이트, 독일의 표현주의 건축가 미스 반 데어 로에, 현대 건축의 거장 르 코르뷔지에 등은 당시 보기 드물었던 여성 디자이너들의 재능을 인정하고 그녀들과 함께 설계했습니다.
　그들은 페미니스트였던 것이 아니라, 새로운 생각에 귀를 기울이는 유연한 마음을 지니고 있었습니다.

　이렇게 거장들을 감동시켰던 여성 디자이너의 주거 디자인을 매장시키

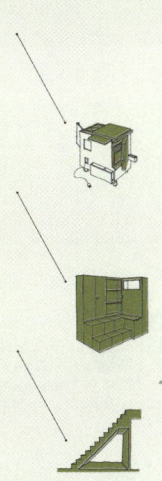

는 것은 안타까운 일입니다. 그래서 이 책은 거장들의 유명한 건물을 해설하는 일반적인 책들과는 달리, 그 거장들의 마음을 움직였던 여성 디자이너들의 인테리어를 해부하는 일을 시도했습니다. 독자 여러분도 이 책을 통해 새로운 생활양식을 이루어낸 그들의 신선한 시각과 삶을 만나실 수 있을 것입니다. 자, 이제 그들과 그들의 작품을 소개합니다.

차례

머리말 006

**1장 / 주거 인테리어의 시작은
부엌과 다이닝룸부터**_부엌, 다이닝룸

부엌에 대하여 016
작으면 작을수록 집안일이 쉬워진다_프랑크푸르트 부엌 by 마가레테 쉬테 리호츠키 020
노동력을 절감하고 친환경적인 부엌_프랑크푸르트 부엌 by 마가레테 쉬테 리호츠키 022
일하기 편한 부엌의 크기_알토 하우스의 부엌 by 아이노 알토 024
사람을 배려한 부엌_유니버설 디자인을 도입한 부엌 by 아이노 알토 026
개수대 주변의 주방용품도 수납이 필요하다_유니테 다비타시옹의 주방용품 수납 by 샤를롯 페리앙 028
보고 싶은 마음과 감추고 싶은 마음을 고려하다_유니테 다비타시옹의 부엌 카운터 by 샤를롯 페리앙 030
부엌이 거실 한가운데에 있어도 좋다_독신자용 아파트 부엌 by 릴리 라이히 032
요리하는 모습을 보여주는 아일랜드형 부엌_사하라 사막의 부엌 by 샤를롯 페리앙 034
칼럼 1 여성 해방의 신념을 인테리어에 반영하다 036
칼럼 2 현모양처와 디자이너를 오가며 완성한 알토 건축 037

다이닝룸에 대하여 038
식탁, 사각형이나 원형이 아니어도 된다_by 자유로운 형태의 프리폼 식탁 by 샤를롯 페리앙 042
식탁의 변신, 리버시블 식탁_하이 앤 로우 테이블 by 아일린 그레이 044
가구의 크기 조절로 공간을 유연하게 활용하다_확장 테이블 by 샤를롯 페리앙 046
회전하는 식탁용 의자_LC7 by 르 코르뷔지에, 피에르 잔느레, 샤를롯 페리앙 048
디자인과 편리함이 돋보이는 유리 텀블러_유리 텀블러 by 아이노 알토 050
식욕을 돋우는 조명_펜던트 조명 by 아이노 알토 052
식탁의 조력자, 사이드보드의 활용_서버 by 매리언 마호니 그리핀 054
그림자처럼 은밀하게 존재감을 드러내다_그림자 의자 by 샤를롯 페리앙 056
칼럼 3 라이트의 한 팔이 되어 일한 건축가 058

2장 사람이 모이는 '공간'을 만든다 _거실, 의자가 만드는 공간

거실에 대하여 60

전망 좋은 2층에 거실을 만들다_슈뢰더 하우스의 거실 by 트루스 슈뢰더, 헤릿 릿벌트 64
느슨하게 방을 나누는 방법_브릭 스크린 by 아일린 그레이 66
없애고 싶은 가족 간의 벽_슈뢰더 하우스의 칸막이 by 트루스 슈뢰더, 헤릿 릿벌트 68
공간 절약형 등받이 소파_소파 by 플로렌스 놀 70
합판으로 얇고 가볍고 튼튼한 테이블을 만들다_플라이우드 커피 테이블 by 찰스, 레이 임스 부부 72
누워 뒹굴 수 있는 공간을 만들다_E.1027의 거실 by 아일린 그레이 74
다리가 달려 유용한 방석, 데이베드_데이베드 by 릴리 라이히 76
소파 주위에는 자유롭게 쓸 수 있는 테이블을_월넛 스툴 by 찰스, 레이 임스 부부 78
서로 다른 문화에서 유래된 가구와 공간과의 조화_라운지 체어 by 아이노 알토 80
플로어스탠드를 간접조명으로_플로어스탠드 by 아일린 그레이 82
식물을 인테리어와 조화를 이루게 하는 방법_빌라 마이레아의 거실 by 아이노 알토 84
아파트에도 툇마루가 있으면 좋다_아크 1600의 마루 by 샤를로 페리앙 86
1인 2역을 겸하는 가구_어빙 데스크 by 매리언 마호니 그리핀 88
테이블을 장식하는 유리꽃_사보이 베이스 by 알바, 아이노 알토 부부 90
자연스럽게 사용하는 법을 알 수 있다_신문, 잡지용 선반 외 by 아이노 알토 92
_일광욕 전용 자리 by 아일린 그레이
밝다고 다 좋은 것은 아니다_실링라이트 by 마리안느 브란트 94
거실, 일상의 흔적이 없어야 오래 머물고 싶다_파리의 아파트 by 샤를롯 페리앙 96
매력적인 공간, 창가를 권하다_다나 하우스 by 프랭크 로이드 라이트, 매리언 마호니 그리핀 98
_작은 집의 모델하우스 by 아이노 알토
거실에 공부하는 책상을_책상 by 트루스 슈뢰더, 헤릿 릿벌트 100

칼럼 4 세계적 거장의 재능을 발굴하고 창조력을 자극하다 102
칼럼 5 훌륭한 파트너를 만나 재능을 완성하다 103

의자가 만드는 공간에 대하여　104

자세에 맞게 형태를 바꿔주는 의자_트랜셋 체어 by 아일린 그레이　108
_LC4 by 르 코르뷔지에, 피에르 잔느레, 샤를롯 페리앙
스프링의 탄력을 가진 다리가 두 개인 의자_MR 체어 by 미스 반 데어 로에　110
_LR36, 103 by 릴리 라이히
좌우 비대칭은 여성을 아름답게 보이게 한다_논콘포미스트 체어 by 아일린 그레이　112
왕좌의 기품을 의자로 드러내다_바르셀로나 체어 by 미스 반 데어 로에, 릴리 라이히　114
명작의 '위대한 편안함'을 누리기 위해_LC2 by 르 코르뷔지에, 피에르 잔느레, 샤를롯 페리앙　116
세계에서 가장 많이 생산된 '예술 의자'_라 셰즈 by 찰스, 레이 임스 부부　118
깊이 잠 못 들게 하는 안락의자_셰즈 by 찰스, 레이 임스 부부　120
좁은 방이라도 여유롭게_폴딩 스태킹 체어 by 샤를롯 페리앙　122
칼럼 6 미스 반 데어 로에에게 영향을 미친 디자이너　124

3장 '평범한 방'으로 만들지 않는다_침실, 서재, 아이들 방

침실과 서재에 대하여　126

마음이 편안해지는 작은 공간_메리벨 산장 by 샤를롯 페리앙　130
침실은 잠만 자는 공간이 아니다_침대 옆 사이드테이블 by 트루스 슈뢰더, 헤릿 릿벌트　132
우아하게 아침을 맞이하게 해주는 가구_E.1027 테이블 by 아일린 그레이　134
덮어버리면 산뜻해진다, 베드 스프레드_도트 · 서클 패턴 by 레이 임스　136
집중력을 높여주는 태스크 조명_테이블스탠드 by 마리안느 브란트, 하인리히 브레덴딕　138
칼럼 7 여성에 대한 배려를 거부했던, 일하는 여성의 모범　140

아이들 방에 대하여　142

놀면서 정리한다_아이용 장롱 by 알마 부셔　146
바닥의 높이를 달리해 공간을 분리한다_M. J. Muller 주택의 아이들 방 by 트루스 슈뢰더, 헤릿 릿벌트　148
먹을 때도 놀 때도 아이와 함께_사다리 의자 by 알마 부셔　150
아이와 함께 성장하는 가구_토이 박스 by 아이노 알토　152
칼럼 8 남성 중심이었던 바우하우스의 편견을 넘어선 여성 디자이너　154

4장 작은 공간은 어딘가 다르게 _현관, 화장실, 수납, 칸막이

작은 공간에 대하여 156
어서 오라고 맞이하는 수납장_수납장 by 아일린 그레이 160
실내를 장식하는 재떨이_재떨이 by 마리안느 브란트 162
화장할 기분이 나는 의자_바 스툴 by 아일린 그레이 164
욕실은 편히 쉬는 곳_욕실 by 샤를롯 페리앙 166
화장실 청소가 쉬워진다_벽걸이 변기 by 샤를롯 페리앙, 잔 보로 168
그냥 비워두어서는 안 된다! 더그매 수납_카스테라 주택과 샤토브리앙 거리 아파트의 수납 by 아일린 그레이 170
수납도 하고 올라도 가고_계단 수납 by 샤를롯 페리앙 172
수납하는 곳에 이름을 붙여 놓자_서류 케이스 by 아일린 그레이 174
한눈에 볼 수 있는 의류 수납장_큐브 체스트 by 아일린 그레이 176
수납을 규격화하다_유닛 가구 by 샤를롯 페리앙 178
무엇이든 걸어라_행 잇 올 by 찰스, 레이 임스 부부 180
정리를 즐겁게 하는 수납의 지혜_건축가의 수납장 by 아일린 그레이 182
착시효과로 방을 넓어 보이게 하다_슈뢰더 하우스의 1층 by 트루스 슈뢰더, 헤릿 릿벌트 184
칼럼 9 르 코르뷔지에가 질투한 공간을 만들다 186

이 책에 실린 작품 리스트 188
참고문헌 190

일러두기
건축 관련 법령 등 일부 내용은 국내 상황과 일치하지 않을 수 있습니다.

CHAPTER 1

주거 인테리어의 시작은 부엌과 다이닝룸부터

부엌, 다이닝룸

부엌에 대하여

부엌, 갇힌 공간에서 열린 공간으로

원래 부엌은 폐쇄된 곳이었으며 다른 공간과 분리되어 있었습니다. 그런데 시대가 변하면서 식사하는 공간과 함께 하는 다이닝룸으로 탈바꿈해갔으며, 아예 거실 또는 다이닝룸의 일부가 된 오픈형 부엌까지 나오게 되었습니다. 하지만 아무리 그렇다고 해도 예전부터 있어왔던 분리형(폐쇄형)이 시대에 뒤떨어진 형태이며, 거실과 부엌이 합쳐진 아일랜드형이 진화된 형태가 아닙니다.

부엌의 형태는 각 집마다 다르기 마련입니다. 요리하는 공간과 식사하는 공간과의 관계 혹은 식사하는 방식이나 사용 방법 등에 따라 달라집니다. 부엌은 분리형이나 아일랜드형 등 하나의 형태로 딱 잘라 말할 수 없는 다양성이 존재하는 곳입니다. 부엌을 선택할 때는 안이하게 유행을 따라 겉모양만을 보고 선택해서는 안 되며, 무엇보다도 사는 사람의 생활에 맞는 유형을 선택해야 합니다.

부엌은 시대의 흐름과 함께 열린 공간이 되어가고 있으며 기능이 분산되는 경향이 있습니다. 주방기기의 기능이 발달하고 반찬을 사서 먹는 사

> 여러 가지 부엌의 형태

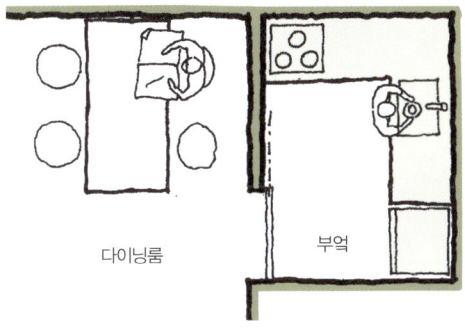

분리형
부엌이 따로 떨어져 있어 음식을 만드는 사람이 고립되기 쉽지만, 다른 방으로 냄새가 퍼지거나 주변이 지저분해지지 않기 때문에 사용하기 편리하다.
··→ 20쪽, 22쪽(프랑크푸르트 부엌)

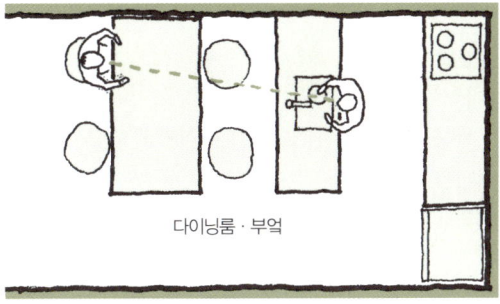

대면형
부엌과 다이닝룸이 한 공간에 자리잡고 있다. 식탁이 따로 놓여 있지만, 음식을 만드는 사람의 얼굴을 보며 대화를 나눌 수 있게 되어 있다.
··→ 30쪽(유니테 부엌 카운터)

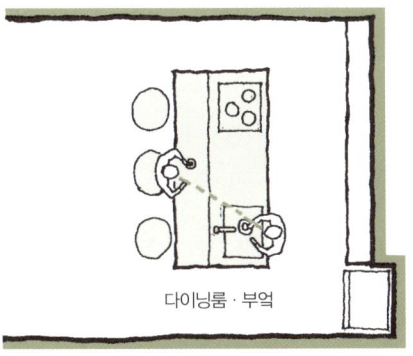

아일랜드형
부엌, 거실, 다이닝룸이 하나로 결합되어 있다. 식탁과 부엌이 결합되면 음식을 만드는 사람과 가까이 있을 수 있다.
··→ 34쪽(사하라 부엌)

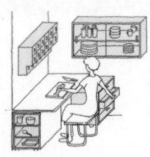

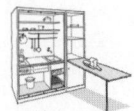

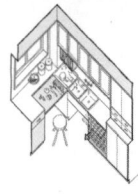

람들이 많아지면서 간단한 요리를 하게 되었기 때문입니다. 또한 여자뿐만 아니라 남자도 음식을 준비하게 되었으며, 가족이 한곳에 모여 식사하는 모습이 점차 사라지고 각자 먹고 싶을 때 먹게 된 것도 그 이유 중 하나입니다.

이제는 부엌이 꼭 방이어야 할 필요는 없습니다. 급·배수, 환기 설비와 주방기기만 있으면 어디든 부엌이 될 수 있습니다. 그렇기 때문에 앞으로는 이동하며 부엌일을 할 수 있는 이른바 '움직이는 부엌(모바일 키친)'이나 모든 방에 부엌이 딸려 나오는 등 새로운 형태의 부엌이 등장하게 될 전망입니다.

이렇게 다양한 형태의 부엌 중에서 자신에게 가장 알맞은 것을 골라야 합니다.

앞으로 식탁과 결합된 부엌은 어떻게 변화되어갈 것인가

모바일 키친
이탈리아의 가구 디자이너 조에 세자르 콜롬보가 디자인한 이동식 부엌이라면, 콘센트에 플러그를 꽂으면 어디든 부엌이 된다.

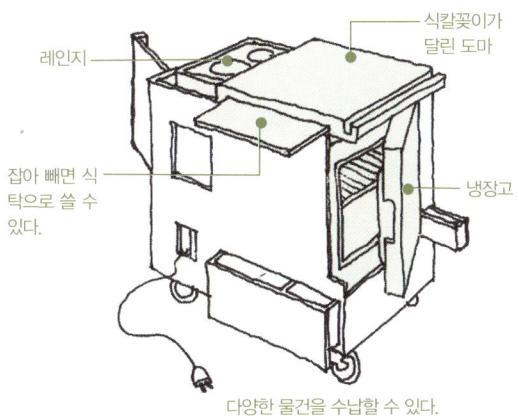

다양한 물건을 수납할 수 있다.

다이닝룸뿐만 아니라 어디든 부엌이 될 수 있다
세계문화유산으로 지정된 슈뢰더 하우스의 건축주 트루스 슈뢰더는 '앞으로 부엌은 따로 정해진 곳에 있지 않을 것이며, 집 어디에서든 요리를 할 수 있게 된다.'라며 슈뢰더 하우스의 각 방에 개수대를 설치했다. 지금은 전기조리기구를 이용해서 간단하게 음식을 만들 수 있게 되어 슈뢰더의 생각을 실현할 수 있게 되었다. 침대에서 일어나면 바로 그 자리에서 아침식사를 준비하는 생활, 생각만 해도 멋지지 않은가.

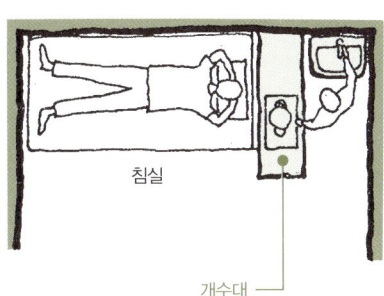

프랑크푸르트 부엌* by 마가레테 쉬테 리호츠키

작으면 작을수록 집안일이 쉬워진다

"가능한 한 빨리 맛있게 요리를 만들고 싶은데 부엌이 손바닥만 해서 뚝딱뚝딱 해낼 수가 없어요." 아마 주부들 중에는 이렇게 하소연하는 사람들이 적지 않을 겁니다. 하지만 부엌의 기능과 사람의 동선을 고려해서 효율적으로 만들 수만 있다면 부엌은 작을수록 좋은 법입니다.**

중산층 주부가 가사를 도맡아 하게 된 근대 이후에야 비로소 효율적이고 실용적인 부엌이 나오게 됩니다. 이전의 서구사회에서는 햇빛이 들어오지 않는 넓은 방에 부엌이 자리잡고 있었으며, 개수대나 가스레인지는 방의 조건에 따라 배치되었습니다.

오스트리아 최초의 여성 건축가 리호츠키(36쪽 참고)는 세계 최초로 시스템키친을 설계했을 때 포드 시스템인 유동작업의 구조를 참고했습니다. 다시 말해 그녀는 조리 작업을 분석해서, 될 수 있는 한 적게 움직이는 효율적인 동선을 생각해낸 것입니다. 그 결과, 부엌은 예전에 비해 절반가량 작아졌고, 주부들은 한결 편하게 일할 수 있게 되었습니다.

넓은 부엌은 동선이 복잡하다

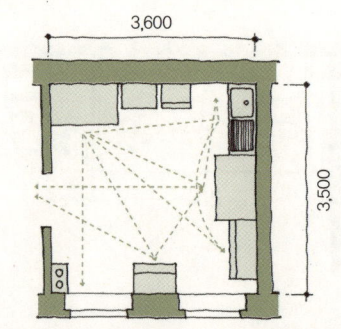

불필요하게 넓어 동선이 복잡했던 근대 이전의 부엌

동선을 분석해서 가사를 효율적으로

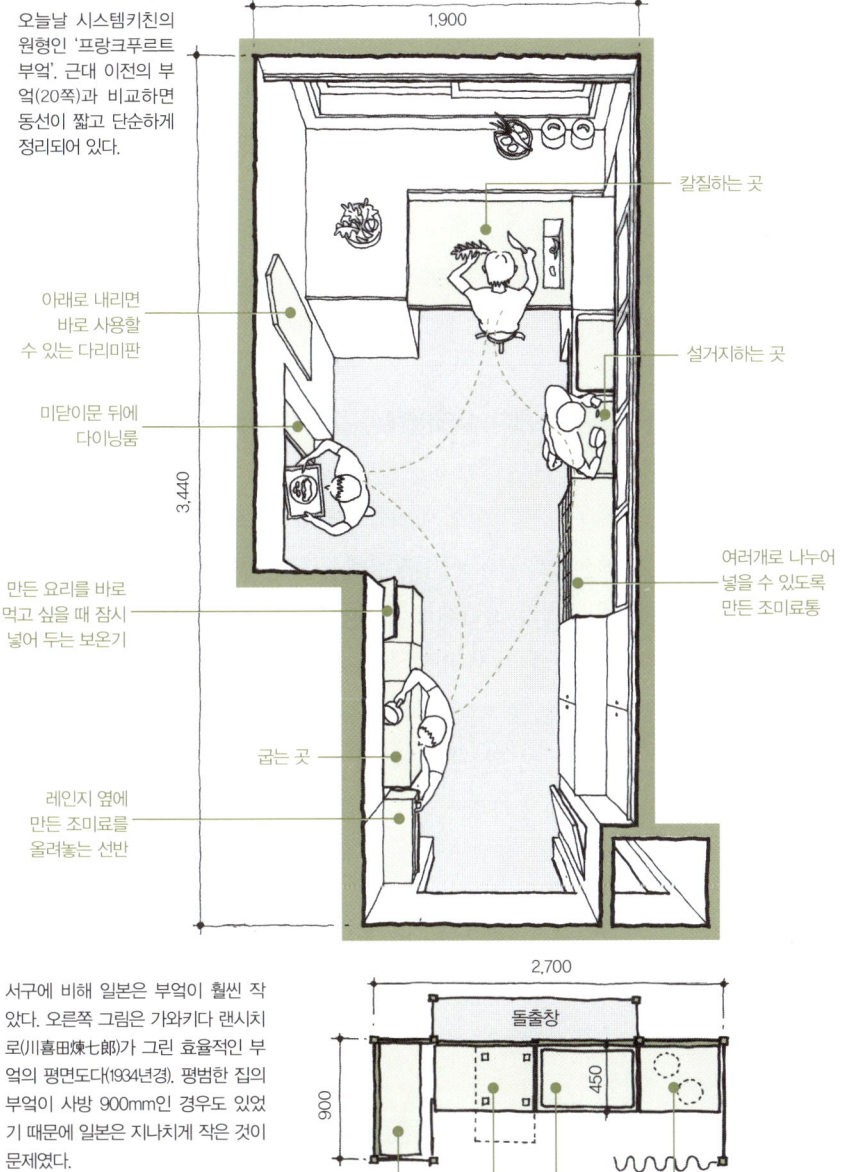

오늘날 시스템키친의 원형인 '프랑크푸르트 부엌'. 근대 이전의 부엌(20쪽)과 비교하면 동선이 짧고 단순하게 정리되어 있다.

- 아래로 내리면 바로 사용할 수 있는 다리미판
- 미닫이문 뒤에 다이닝룸
- 만든 요리를 바로 먹고 싶을 때 잠시 넣어 두는 보온기
- 레인지 옆에 만든 조미료를 올려놓는 선반
- 칼질하는 곳
- 설거지하는 곳
- 여러개로 나누어 넣을 수 있도록 만든 조미료통
- 굽는 곳

서구에 비해 일본은 부엌이 훨씬 작았다. 오른쪽 그림은 가와키타 렌시치로(川喜田煉七郎)가 그린 효율적인 부엌의 평면도다(1934년경). 평범한 집의 부엌이 사방 900mm인 경우도 있었기 때문에 일본은 지나치게 작은 것이 문제였다.

돌출창 / 식기수납장 / 조리대 / 개수대 / 가열대(레인지)

* 프랑크푸르트 부엌은 1차 세계대전 후 독일에서 일어난 예술운동 '바우하우스'의 산물이다. 전후 독일 예술가들이 기능에 충실하면서도 단순한 디자인을 내세운 덕분에 여성들은 부엌노동에서 삶의 여유를 찾게 됐다.―옮긴이

** 가령 병렬형 부엌의 경우, 통로는 음식을 만드는 사람이 한 명일 때 750mm, 두 사람일 때는 900mm 정도가 적당하다. 이보다 넓으면 불필요한 움직임이 늘어난다.

프랑크푸르트 부엌 by 마가레테 쉬테 리호츠키

노동력을 절감하고 친환경적인 부엌

앞서 말한대로 프랑크푸르트 부엌은 효율성과 실용성을 우선적으로 생각한 시스템키친의 제1호입니다. 1926년에 설계된 것으로, 노동력을 절감할 수 있는 아이디어가 많아 지금도 참고할 만한 가치가 있는 부엌입니다.

가령 채소를 써는 일 등 시간이 걸리는 작업은 앉아서 할 수 있도록 작업대를 낮게 설치했습니다. 게다가 작업대가 도마를 겸하고 있으며 채소 껍질 등을 버릴 수 있는 구멍을 만들어 놓았습니다. 음식물 쓰레기통은 분리할 수 있으며 음식물 쓰레기를 버리기 쉽게 아랫부분을 뾰족하게 만들었습니다.

전기가 귀하고 냉장고가 없던 시대였기에 친환경적인 발상이 돋보입니다. 통풍이 잘되는 창가 아래의 작업대에 그늘진 공간을 확보해 과일이나 채소 등을 그곳에 보관했습니다. 또한 바깥 공기에 노출되어 있는 선선한 작업대 가장자리에 식품저장고를 설치했으며, 천장에 달려 있는 조명끈을 당기면 전등이 선을 타고 이동하여 원하는 위치에 오게 되어 있습니다.* 이렇게 하면 하나밖에 없는 전등을 효과적으로 사용할 수 있겠지요. 이 부엌의 구조를 유심히 살펴보면 노동력을 절감하고 환경에 유익한 아이디어를 얻을 수 있게 됩니다.

노동력이 절감되는 개수대 작업

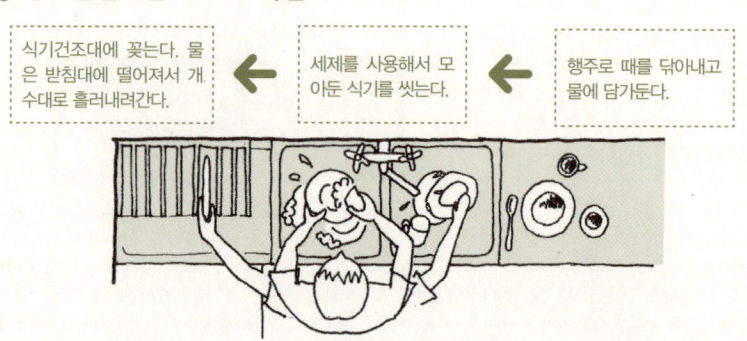

| 식기건조대에 꽂는다. 물은 받침대에 떨어져서 개수대로 흘러내려간다. | ← | 세제를 사용해서 모아둔 식기를 씻는다. | ← | 행주로 때를 닦아내고 물에 담가둔다. |

시스템키친 제1호의 친환경적인 설거지 방법이다. 오른쪽에서 왼쪽 순서로 설거지를 해나간다.

시스템키친 1호에는 지금도 사용할 수 있는 아이디어로 가득 차 있다

작업 빈도가 높은 물일은 궁리를 하면 효율적으로 할 수 있다(씻는 곳과 굽는 곳은 당시의 설비 상황에 따라 떨어져서 설치되었다). (…→ 22쪽)

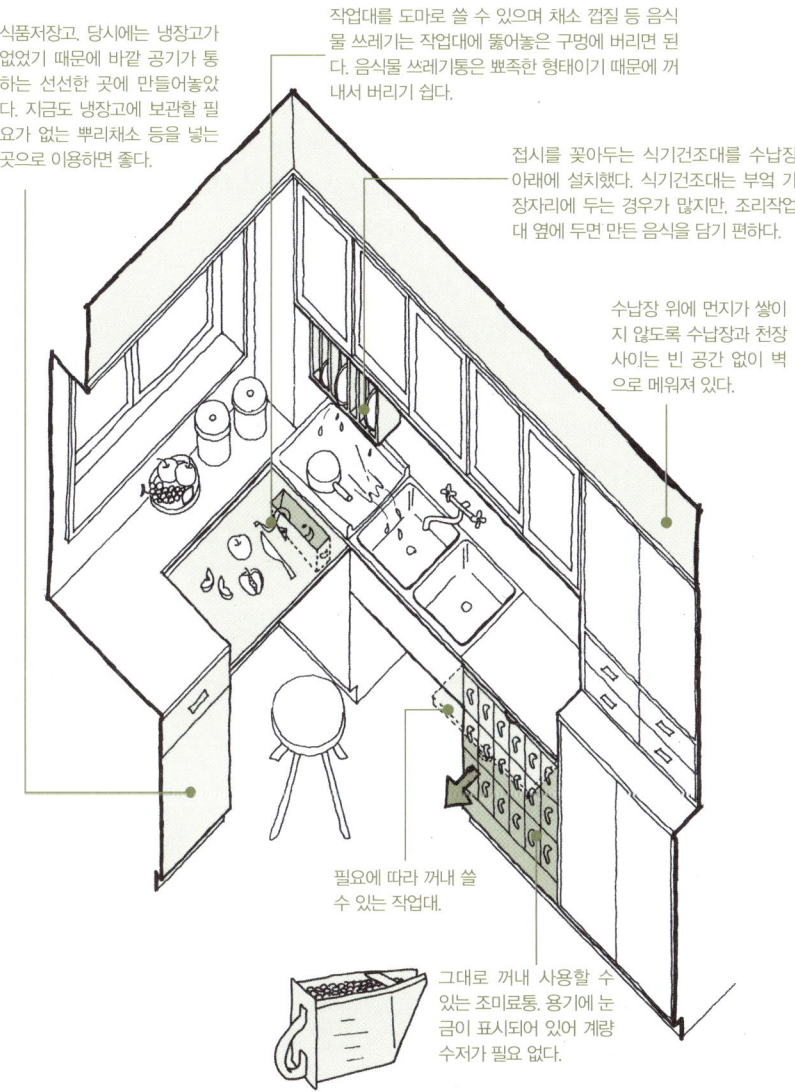

식품저장고. 당시에는 냉장고가 없었기 때문에 바깥 공기가 통하는 선선한 곳에 만들어놓았다. 지금도 냉장고에 보관할 필요가 없는 뿌리채소 등을 넣는 곳으로 이용하면 좋다.

작업대를 도마로 쓸 수 있으며 채소 껍질 등 음식물 쓰레기는 작업대에 뚫어놓은 구멍에 버리면 된다. 음식물 쓰레기통은 뾰족한 형태이기 때문에 꺼내서 버리기 쉽다.

접시를 꽂아두는 식기건조대를 수납장 아래에 설치했다. 식기건조대는 부엌 가장자리에 두는 경우가 많지만, 조리작업대 옆에 두면 만든 음식을 담기 편하다.

수납장 위에 먼지가 쌓이지 않도록 수납장과 천장 사이는 빈 공간 없이 벽으로 메워져 있다.

필요에 따라 꺼내 쓸 수 있는 작업대.

그대로 꺼내 사용할 수 있는 조미료통. 용기에 눈금이 표시되어 있어 계량 수저가 필요 없다.

*부엌 조명은 청결한 느낌을 주고 미각을 살려주는 백색등을 권한다. LED 전등을 사용하면 전기를 아껴 쓸 수 있어 환경보호에 도움이 된다.

알토 하우스*의 부엌 by 아이노 알토

일하기 편리한 부엌의 크기

부엌의 크기는 어느 정도가 적당할까요. 작업대와 수납장은 어느 정도의 크기였을 때 일하기가 편할까요. 시스템키친 1호가 만들어지고 나서 현재에 이르기까지 사실 부엌의 크기는 큰 변화가 없습니다.

1935년에 지어진 알토 하우스의 부엌을 살펴보겠습니다. 핀란드의 대표건축가 알바 알토의 아내였던 디자이너 아이노 알토(37쪽 참조)는 효율적인 최신형 부엌을 연구하여 디자인했습니다. 이 부엌은 작업대의 폭이 2,850mm로 지금의 기준에서도 표준적인 크기입니다. 알토 하우스의 부엌과 현재 일반적인 부엌의 단면을 비교해보면, 놀랍게도 요리 방법이나 식품 보존 방법이 바뀌었음에도 불구하고 크기가 다르지 않습니다.**

부엌작업대나 수납장의 크기가 시행착오를 거듭한 끝에 평균적인 인체 치수나 동작에 맞춰서 나온 결과라는 사실을 알 수 있습니다. 이 도면에 기재된 치수는 일하기 편리한 부엌의 기준 중 하나로 기억해두고 싶은 치수입니다.

수납을 많이 할 수 있는 알토 하우스의 부엌단면도

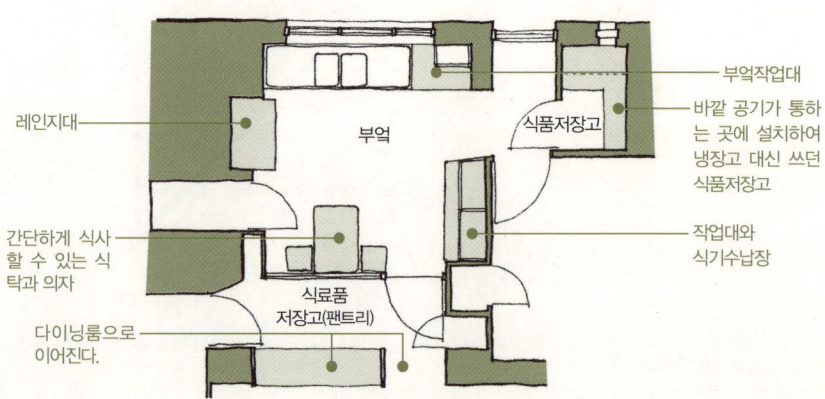

알토 하우스의 부엌 치수 도면

알토 하우스의 부엌 평면
프랑크푸르트 부엌의 영향을 받은 효율적인 부엌

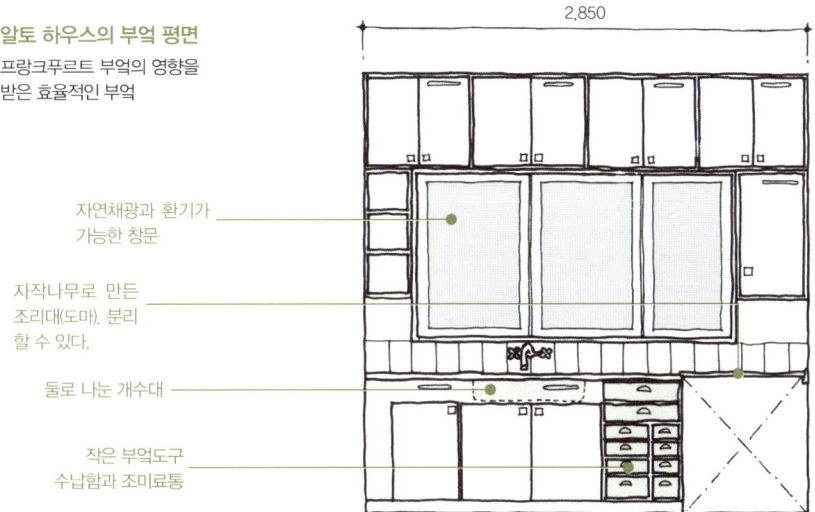

- 자연채광과 환기가 가능한 창문
- 자작나무로 만든 조리대(도마). 분리할 수 있다.
- 둘로 나눈 개수대
- 작은 부엌도구 수납함과 조미료통

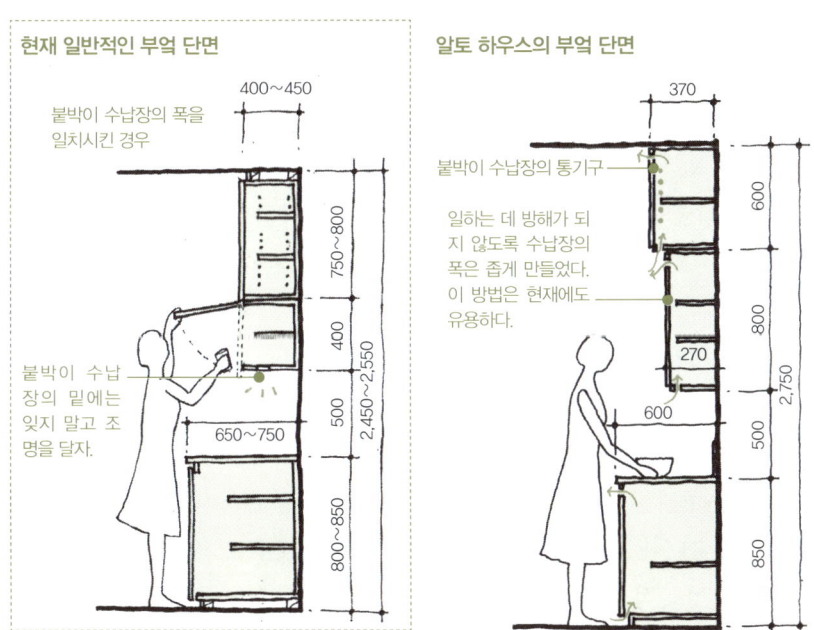

현재 일반적인 부엌 단면
- 붙박이 수납장의 폭을 일치시킨 경우
- 붙박이 수납장의 밑에는 잊지 말고 조명을 달자.

알토 하우스의 부엌 단면
- 붙박이 수납장의 통기구
- 일하는 데 방해가 되지 않도록 수납장의 폭은 좁게 만들었다. 이 방법은 현재에도 유용하다.

* 남편 알바 알토와 함께 지은 집. 죽기 전에 꼭 봐야 할 세계건축물로 손꼽힌다.—옮긴이
** 레인지대는 작업대보다 50mm 정도 낮은 편이 냄비를 들여다보기 쉽다. 그리고 사용하는 사람의 키, 슬리퍼를 신고 작업하는지 아닌지도 고려해서 결정할 필요가 있다.

유니버설 디자인을 도입한 부엌 by 아이노 알토

사람을 배려한 부엌

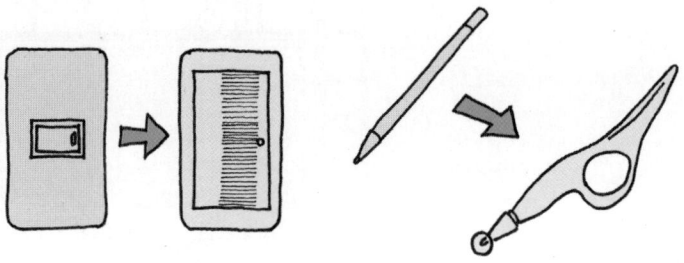

누구라도 사용하기 쉬운 유니버설 디자인의 기본. 스위치는 보기 쉽고,
팔꿈치로도 누를 수 있도록 크게, 볼펜은 쥐기 쉽고, 입이나 발로도 쥘 수 있도록.

유니버설 디자인이란 문화, 언어, 나이, 성별, 능력 등이 다른 다양한 사람들이 사용하기 쉽게 설계하는 것을 말합니다. 가족 구성이나 생활방식이 다양해지면서 '여자의 성'이라고 불리던 부엌이 이제는 아이나 남편 또는 가사도우미와 같은 외부사람과도 공유하는 공간이 되었습니다. 누구에게나 안전하고 일하기에도 편하고 수납해둔 물건을 한눈에 볼 수 있는 유니버설 디자인으로 설계된 부엌은 어떻게 생겼을까요.

일과 가사를 병행했던 알토는 음식을 좀 더 쉽게 만들 수 있는 '앉아서 일하는 부엌'을 생각했습니다. 당시의 설비나 기기의 특성에 따라 개수대나 레인지에서 하는 일은 서서 했지만, 조미료나 식기는 앉아서 쓸 수 있는 범위에 배치했습니다. 따라서 음식 재료를 썰고 간을 맞추고 접시에 담는 작업을 한 곳에서 효율적으로 할 수가 있습니다.*

당시 여성을 위해 생각해낸 이 부엌을 살펴보면, 누구나 사용하기 편리한 유니버설 디자인을 곳곳에서 발견할 수 있습니다.

누구나 사용하기 쉬운 유니버설 디자인

앉아서 칼질, 간맞추기, 음식 담기 등을 할 수 있다
아이노 알토가 만든 부엌은 주부의 입장을 고려한 디자인이다.

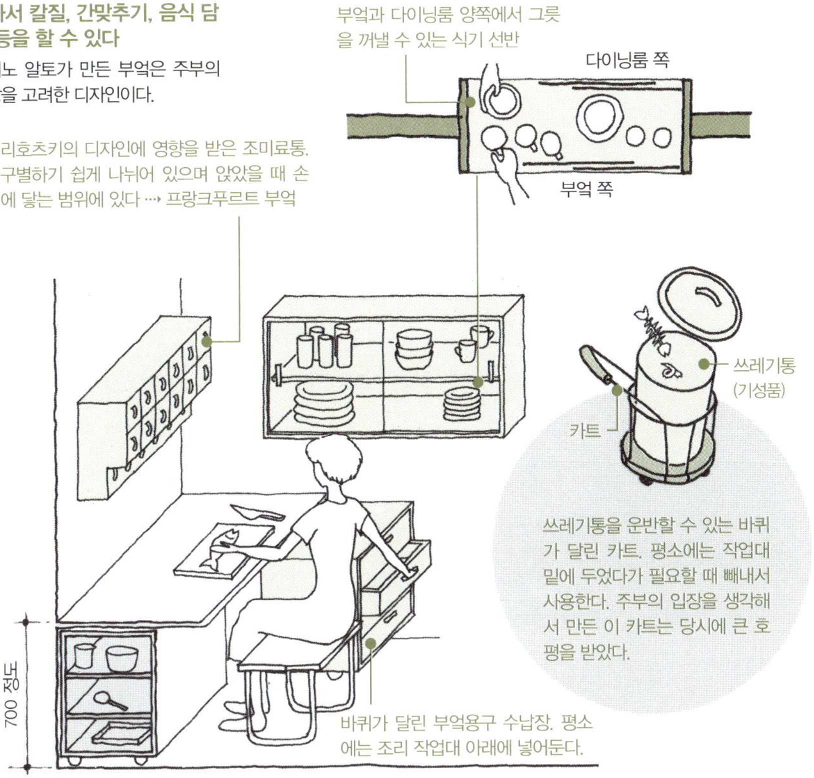

리호츠키의 디자인에 영향을 받은 조미료통. 구별하기 쉽게 나누어 있으며 앉았을 때 손에 닿는 범위에 있다 ···▶ 프랑크푸르트 부엌

부엌과 다이닝룸 양쪽에서 그릇을 꺼낼 수 있는 식기 선반

다이닝룸 쪽

부엌 쪽

쓰레기통 (기성품)

카트

쓰레기통을 운반할 수 있는 바퀴가 달린 카트. 평소에는 작업대 밑에 두었다가 필요할 때 빼내서 사용한다. 주부의 입장을 생각해서 만든 이 카트는 당시에 큰 호평을 받았다.

700 정도

바퀴가 달린 부엌용구 수납장. 평소에는 조리 작업대 아래에 넣어둔다.

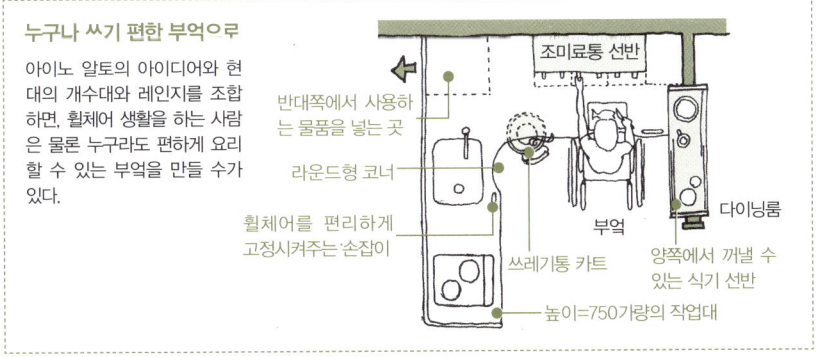

누구나 쓰기 편한 부엌으로
아이노 알토의 아이디어와 현대의 개수대와 레인지를 조합하면, 휠체어 생활을 하는 사람은 물론 누구라도 편하게 요리할 수 있는 부엌을 만들 수가 있다.

조미료통 선반

반대쪽에서 사용하는 물품을 넣는 곳

라운드형 코너

휠체어를 편리하게 고정시켜주는 '손잡이'

쓰레기통 카트

부엌

다이닝룸

양쪽에서 꺼낼 수 있는 식기 선반

높이=750가량의 작업대

* 휠체어나 의자에 앉아서 개수대를 사용하는 경우에는 개수대 밑에 다리를 넣을 수 있는 공간을 만들어 놓고, 배수 트랩을 무릎에 닿지 않는 곳에 설치한다. 개수대는 설거지통이 얕은 편이 사용하기 편하다.

유니테 다비타시옹*의 주방용품 수납 by 샤를롯 페리앙

개수대 주변의 주방용품도 수납이 필요하다

개수대 주변에는 잡다한 물건들이 늘어서 있기 일쑤입니다. 요즘에는 부엌에 식기세척기를 놓는 집도 꽤 있습니다.** 식기세척기는 도어식과 서랍식이 있는데, 기본적으로 개수대 옆이나 아래에 설치합니다. 유리컵 등 헹구지 않고 바로 넣는 것도 있기 때문에 식탁 가까운 쪽에 설치하는 편이 좋습니다. 그런데 접시를 닦은 뒤에 젖은 수세미를 어디에 둘지 고민한 적 없나요? 보통 개수대에 붙여놓은 흡착식 바구니에 두는데, 금세 떨어지거나 바구니가 지저분해집니다. 좀 더 간단하고 깔끔한 방법은 없을까요? 프랑스의 여성 건축가이자 디자이너인 샤를롯 페리앙(140쪽 참조)은 스테인리스 개수대에 수세미나 세제를 넣을 수 있게 만들었습니다. 수세미의 물기를 뺄 수 있게 했고, 빠진 물은 개수대로 흘러갑니다. 무엇보다도 개수대 주변에 잡다한 물건이 놓여 있지 않아 청소하기가 쉽습니다.

또 하나, 개수대 주변에 페트병이나 우유팩 등 재활용품을 모아두는 곳이 있으면 편리합니다. 재활용품을 넣는 선반 등이 시중에서 판매되고 있지만, 가볍게 헹군 뒤 물기를 말려야 하기에 개수대 밑에 재활용품을 수납하는 바구니를 마련해두는 편이 좋습니다.

수세미나 세제 수납

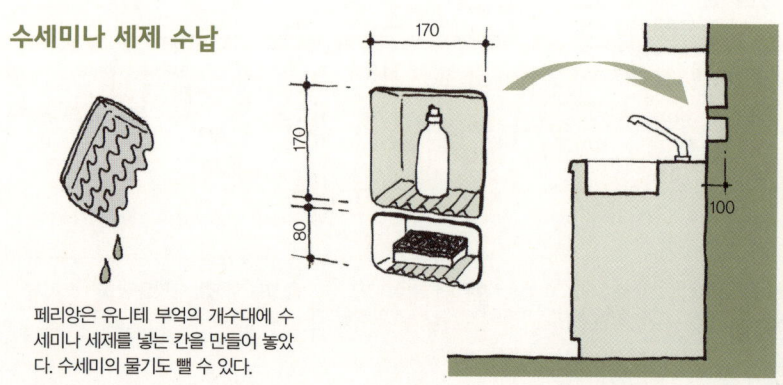

페리앙은 유니테 부엌의 개수대에 수세미나 세제를 넣는 칸을 만들어 놓았다. 수세미의 물기도 뺄 수 있다.

갈수록 늘어나는 부엌용구의 수납

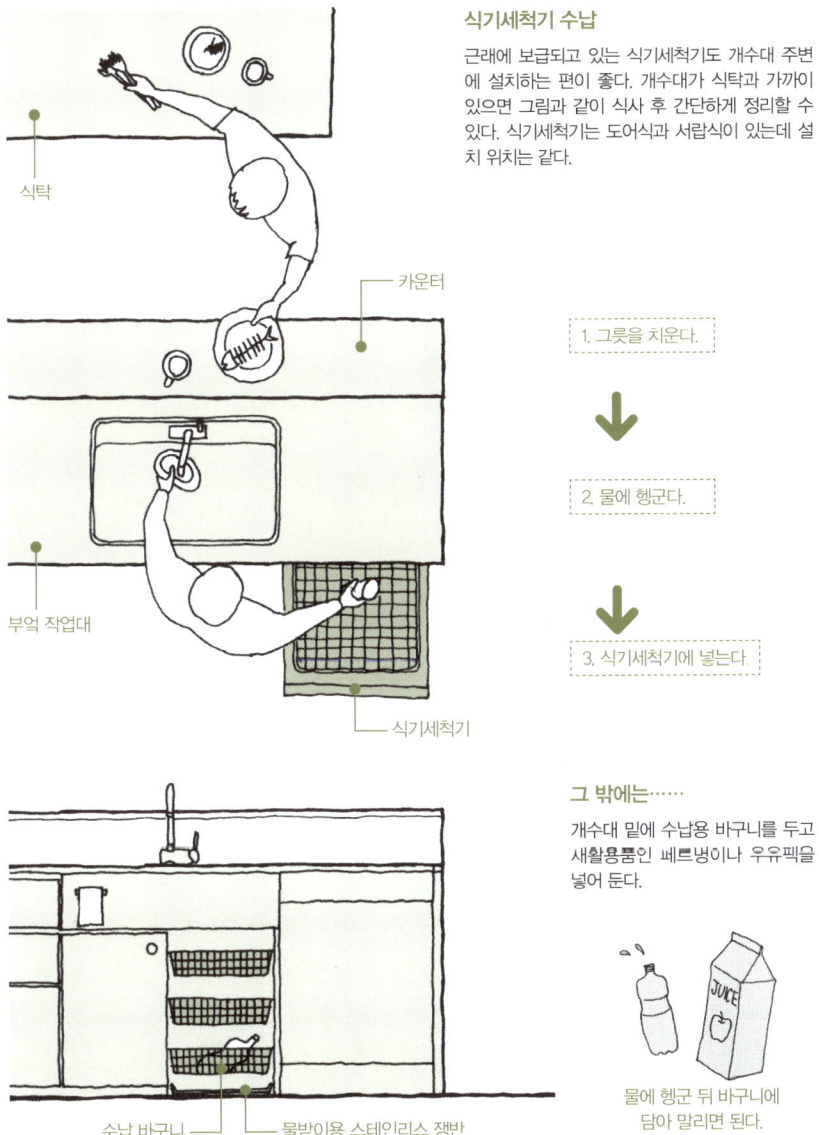

식기세척기 수납

근래에 보급되고 있는 식기세척기도 개수대 주변에 설치하는 편이 좋다. 개수대가 식탁과 가까이 있으면 그림과 같이 식사 후 간단하게 정리할 수 있다. 식기세척기는 도어식과 서랍식이 있는데 설치 위치는 같다.

1. 그릇을 치운다.
2. 물에 헹군다.
3. 식기세척기에 넣는다.

그 밖에는……

개수대 밑에 수납용 바구니를 두고 재활용품인 페트병이나 우유팩을 넣어 둔다.

물에 헹군 뒤 바구니에 담아 말리면 된다.

* 르 코르뷔지에가 프랑스 마르세유에 지은 집합주택으로, 오늘날 서구 서민 아파트의 모델이 되었다.—옮긴이

** 빌트인 식기세척기는 폭 450mm나 600mm가 대부분. 국내제품에 비해 해외제품이 용량이 큰 경우가 있지만, 대부분이 단상 200V이기 때문에 단상 100V인 경우에는 전환 공사를 해야 한다.

유니테 다비타시옹의 부엌 카운터 by 샤를롯 페리앙

보고 싶은 마음과
감추고 싶은 마음을 고려하다

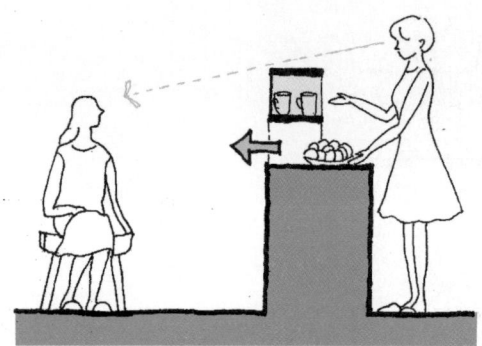

▼ FL*+1,330 시선을 주고받을 수 있는 높이

▼ FL+1,065 음식을 내놓기 쉬운 높이

▼ FL+800 일하기 쉬운 높이

▼ FL

부엌과 거실, 다이닝룸은 미묘한 관계입니다. 오픈형 부엌이 거실과 지나치게 가까우면 거실이 지저분해지기 십상이고, 거실에 있어도 부엌에서 생활하는 듯한 느낌이 들게 마련입니다. 하지만 부엌이 따로 있으면, 음식을 만드는 사람은 다른 방을 엿볼 수가 없기에 밥상을 차리기가 불편합니다. 이를테면 부엌에서는 거실이나 다이닝룸이 보이면 편리한데, 다른 방에서는 부엌이 어느 정도 가려져 있기를 바라는 것이죠.

페리앙은 이 문제를 어떻게 해결했을까요. 답은 높이 1,330mm의 카운터입니다. 이것을 이용해 부엌과 거실 또는 다이닝룸을 적당하게 분리해 놓았지요. 눈보다 조금 낮은 높이이며, 서서 음식을 만드는 사람은 거실을 엿볼 수 있지만, 거실에 앉아 있는 사람은 부엌 안을 엿볼 수 없는 높이입니다. 다만 그릇을 주고받기에는 불편한 높이이기 때문에 가운데에 열고 닫을 수 있는 문을 만들어 놓았습니다.

거실이나 다이닝룸이 한눈에 들어오면서도 음식을 내놓기 쉽고 보이고 싶지 않은 부분은 숨길 수 있는 미묘한 '높이'를 살린 설계입니다.**

적당히 가린 부엌의 포인트

일하기 편하도록 구석구석까지
신경 쓴 세미 오픈형 부엌

천장에 밀착된 붙박이 수납장을 이용한 세미 오픈형 부엌은 흔한 형태지만, 부엌 안이 훤히 보이는 것이 단점이다. 그런데 페리앙은 작은 수납장을 절묘한 높이에 배치하여 단점을 보완했다. 그 밖에도 이 부엌에는 곳곳에 수납과 관련된 아이디어가 돋보인다.

시야 조정

다이닝룸에서 부엌이 보이지 않았으면 할 때 높이를 조정할 수 있는 수납장을 설치하는 것도 좋은 아이디어. 고정식 붙박이 수납장 위에 상자와 같은 수납장을 올려놓는 방법.

* FL : Floor Level-옮긴이
** 페리앙의 부엌 작업대는 스테인리스로 만들어져 있는데, 차가운 느낌을 주기 때문에 색깔 있는 타일을 일부분에 붙여 놓았다. 작업대 재료로는 멜라닌 수지나 인조대리석 등도 많이 쓰인다.

독신자용 아파트 부엌 by 릴리 라이히

부엌이 거실 한가운데에 있어도 좋다

이전에는 여자들만의 공간으로 음지에 있던 부엌이 지금은 당당히 거실과 다이닝룸이 합쳐져 햇볕이 잘 드는 곳을 차지하고 있습니다. 하지만 부엌이 개방되어도 여전히 물과 불을 사용해야 하며 냄새와 연기가 나는 일을 안 할 수는 없는 노릇입니다. 부엌의 외관을 다른 방의 인테리어에 맞추면서 부엌 고유의 모습을 보이지 않게 하는 설계가 필요합니다. 특히 환기 장치에 주의를 기울여야 합니다.* 그리고 사용한 그릇이나 음식물쓰레기 등 보이고 싶지 않은 것을 깨끗하게 처리할 수 있게 고민해야 합니다.

이번에 소개하는 부엌은 거실 한가운데 있지만 쓰지 않을 때는 숨겨둘 수도 있습니다. 수납장에 설치한 셔터를 열고 닫음으로써 겉으로 내놓을 수도 숨겨둘 수도 있는 것입니다. 폭은 2m 정도이며 '요리' '식사' '정리'를 할 수 있는 가구와 같은 이 부엌은 다이닝룸의 기능도 있으며, 좁은 공간을 효율적으로 이용한 구조 중 하나입니다.

거실의 중심에 자리잡은 부엌

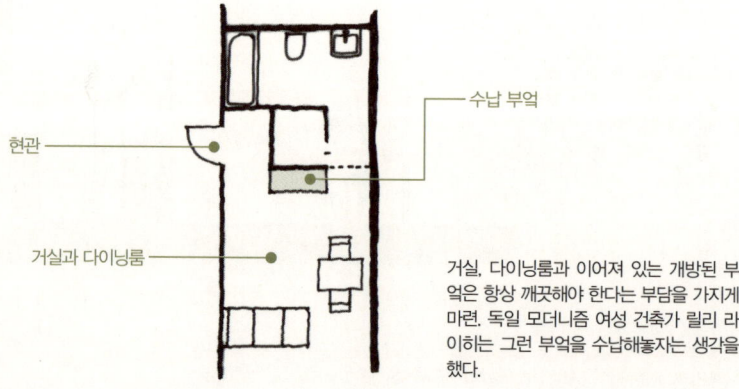

거실, 다이닝룸과 이어져 있는 개방된 부엌은 항상 깨끗해야 한다는 부담을 가지게 마련. 독일 모더니즘 여성 건축가 릴리 라이히는 그런 부엌을 수납해놓자는 생각을 했다.

요리, 식사, 정리를 할 수 있는 수납 부엌

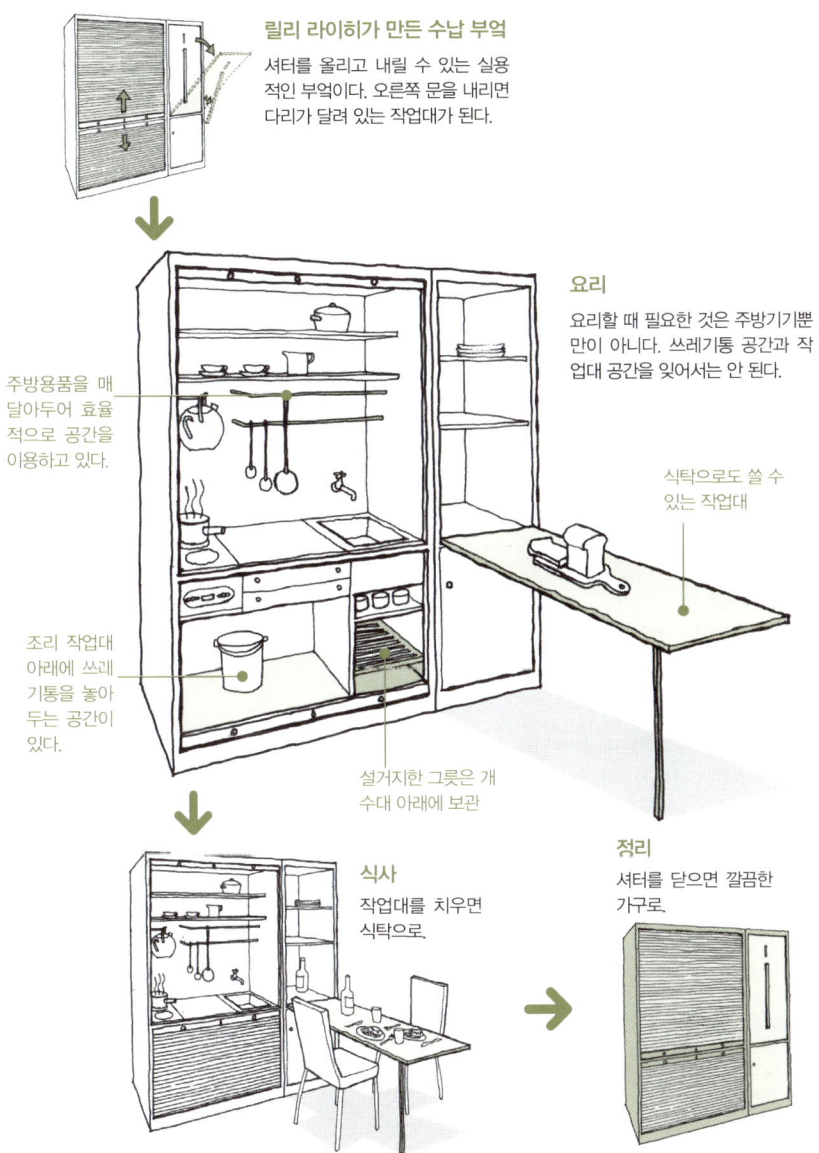

릴리 라이히가 만든 수납 부엌
셔터를 올리고 내릴 수 있는 실용적인 부엌이다. 오른쪽 문을 내리면 다리가 달려 있는 작업대가 된다.

요리
요리할 때 필요한 것은 주방기기뿐만이 아니다. 쓰레기통 공간과 작업대 공간을 잊어서는 안 된다.

주방용품을 매달아두어 효율적으로 공간을 이용하고 있다.

식탁으로도 쓸 수 있는 작업대

조리 작업대 아래에 쓰레기통을 놓아 두는 공간이 있다.

설거지한 그릇은 개수대 아래에 보관

식사
작업대를 치우면 식탁으로.

정리
셔터를 닫으면 깔끔한 가구로.

* 부엌용 환기팬을 구입할 때는 환기량뿐만 아니라 공기의 흐름을 원활하게 하는 배기닥트나 환기공의 저항값(정압)을 확인해야 한다. 그리고 레인지후드는 조리기 가까이 있는 편이 좋기 때문에 조리기로부터 600mm 이상이라는 소방법이 규정한 범위 안에서 가능한 한 가까운 위치에 설치한다.

사하라 사막의 부엌 by 샤를롯 페리앙

요리하는 모습을 보여주는 아일랜드형 부엌

아일랜드형 부엌은 인기가 높지만, 개방적인 구조이다 보니 외관상의 '미'와 '실용성'을 양립시키기 어렵습니다. 물과 불을 사용하고 냄새와 소리가 날 수밖에 없는 부엌은 내보이고 싶지 않은 부분이 많습니다. 특히 레인지에서 나오는 연기와 요리할 때 튀는 기름은 개방된 아일랜드형 부엌의 구조상 사방으로 퍼지기 쉽습니다. 환기팬이 있어도 그다지 효과가 없기 때문에 주의가 필요한 부분입니다.*

페리앙은 사하라 사막의 유전 개발 기술자용 주거지에 'L자형 부엌 겸 가사 설비'를 만들었습니다. 외벽이 얇기 때문에 부엌의 기능을 방 중앙으로 옮긴 아일랜드형으로 설치할 수밖에 없었습니다. 하지만 방안에 퍼지는 연기와 튀는 기름을 어떻게 해결해야 할지 고민이었죠. 고민 끝에 페리앙은 튀김 가게를 참고했습니다. 즉 레인지와 다이닝룸 사이에 튀는 기름을 막아주는 낮은 칸막이를 세우고 연기와 냄새를 환기팬 쪽으로 유도한 것입니다.

또 하나 튀김가게에서 빌려온 아이디어가 있습니다. 요리하는 모습을 식탁에 앉아 있는 사람들이 볼 수 있게 했습니다. 아일랜드형 부엌에 식탁을 결합한 형식이죠.

튀김가게의 긴 테이블

음식을 먹는 사람은 요리하는 사람의 얼굴은 보이지만 손은 보이지 않으며 튀김을 튀겨도 테이블에 기름이 튀지 않는다.

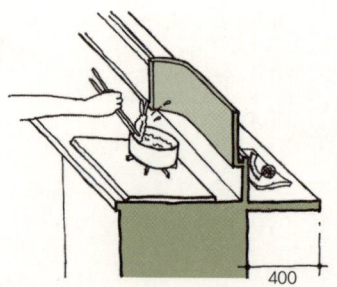

▲ FL+1,250 기름이 튀는 것을 방지
▲ FL+1,000 물막이 벽의 높이
▲ FL+800 바 스툴처럼 좌면이 높은 의자를 사용한다.

사하라 사막의 부엌을 통해 배우는 '숨기는' 아이디어

좁은 공간을 부엌으로 구분한다

L자형 아일랜드 부엌 겸 가사 설비를 방 중앙에 배치해서 9평 정도의 공간에 열 명 정도가 식사할 수 있는 넓은 다이닝룸과 식사를 준비하는 부엌, 그리고 음식을 만들면서 집안일을 할 수 있는 세탁 공간을 만들었다.

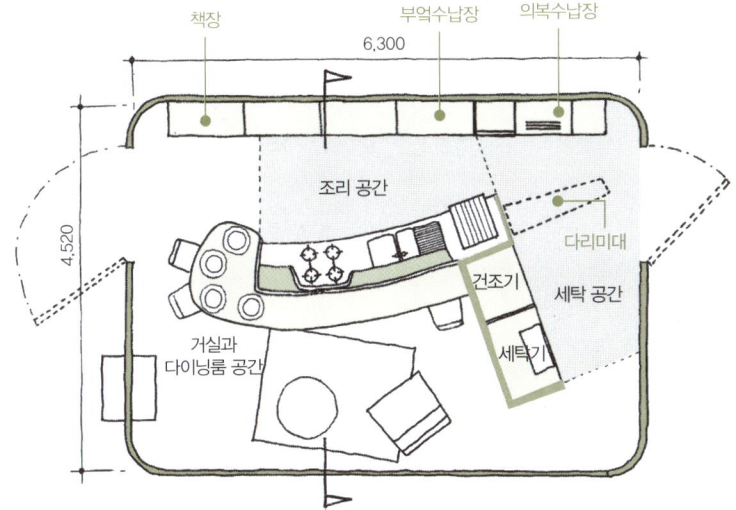

'단면'도 아이디어의 보고

배치나 치수를 보면 어떤 아이디어가 숨어 있는지 알 수 있다.

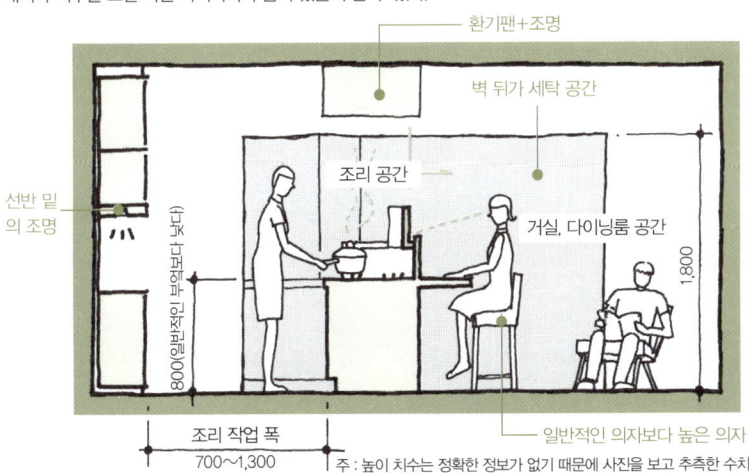

* 사방이 개방된 아일랜드형 부엌의 경우, 레인지후드가 일반적인 후드와 같은 효과를 얻기 위해서는 풍속을 20% 정도 높일 필요가 있다. 후드의 크기는 레인지의 크기보다 커야 효율이 높아진다.

COLUMN

1

여성 해방의 신념을
인테리어에 반영하다

마가레테 쉬테 리호츠키
Margarete Schütte-Lihotzky(1897-2000)

마가레테 쉬테리호츠키가 디자인한 '프랑크푸르트 부엌'은 에른스트 마이가 주도했던 택지조성계획 지들룽의 일부로 설계된 것으로, 4년 동안 무려 1만 호의 주택에 채택되었습니다. 그녀는 여성들의 한결 쉬운 가사노동을 위해 확고한 신념을 갖고 부엌을 철저하게 효율적이고 합리적인 공간으로 만들었습니다. 이런 그녀를 언론매체들이 이구동성으로 높이 평가하였으며 당시 나이가 30세였습니다. 가장 화려했던 시기였죠. 하지만 그 후 그녀는 강한 신념으로 인해 고난의 길을 걷게 됩니다. 소비에트연방을 거쳐 터키에서 일하던 리호츠키는 나치 저항 운동에 참가하였습니다. 그러던 어느 날 오스트리아 공산당에 소속되어 임무를 수행하다가 체포되어 악명 높은 아이하흐의 여성감옥에 수감됩니다. 하루하루 죽음의 공포에 떨어야 했던 그녀의 감옥 생활은 4년이나 이어졌습니다.

드디어 전쟁이 끝나고 그녀는 조국인 오스트리아로 돌아갔지만, 공산당에서 활동했던 과거 때문에 공공사업에서 제외되는 등 쓰라린 경험을 하게 됩니다. 하지만 그런 차별에 굴하지 않고 꿋꿋하게 여성과 아이를 위한 건축을 해나갔습니다. 이처럼 그녀의 인생은 실로 훗날 무대에 올려질 만큼 파란만장한 삶이었습니다.

▶ **에른스트 마이**(Ernst May: 1886~1970) 독일의 도시계획가. 프랑크푸르트의 지들룽을 계획했으며, 그 밖에 소비에트연방의 도시계획을 실행했다.

▶ **지들룽**(Siedlung) 1차 세계대전 후 진행된 독일의 계획적인 택지조성계획으로, 1차대전 후 독일은 심각한 주택난 해소를 위해 대규모의 공영주택을 건설해야 했다. 독일어로 '취락'이란 뜻이다.

현모양처와 디자이너를 오가며 완성한 알토 건축

아이노 알토
Aino Aalto(1894-1949)

알바 알토와 아이노 알토. 아이노가 살아 있을 때까지 알토 부부는 두 사람의 이름으로 작품을 발표했습니다. 아이노는 알바 사무실의 초창기 직원이었으며 알바 알토의 첫 번째 아내입니다. 54세라는 이른 나이로 죽기 전까지 남편 알바 알토의 곁을 그림자처럼 지키면서 그가 건축에 정열을 불태울 수 있도록 도왔습니다. 하지만 그녀는 강한 독립심을 품고 있었기 때문에 남편을 조용히 따르기만 했던 것은 아닙니다. 홀로 건축 설계 공모에 참가하여 남편을 제치고 그녀의 디자인만으로도 입상하기도 했습니다.

아이노는 자신이 뛰어난 건축가였기에 알바의 남다른 재능을 이해할 수 있었습니다. 자신을 표현하고 싶은 충동과 남편을 도와야 한다는 갈등을 겪으면서도 그녀는 자신의 개성을 살릴 수 있는 아르텍 가구 제조회사를 운영하였고, 차츰 인테리어, 가구 설계 쪽으로 활동 영역을 바꾸어갔습니다. 특히 학생 시절부터 흥미가 있었던 아이를 위한 인테리어나 가구 디자인에 정열을 쏟았습니다.

그런 그녀의 마음을 알았는지 알바는 설계 과정 모두를 그녀에게 보여주었고 조언을 구했다고 합니다. 서로의 역할이 달랐어도 역시 알토 건축은 부부의 공동 작품인 것입니다.

▶ **알바 알토**(Alvar Aalto: 1898-1976) 핀란드 지폐에 얼굴이 새겨질 정도로 사랑받는 핀란드의 대표적인 국민 건축가. 대표작으로 파이미오 사나토리움과 빌라 마이레아 등이 있고 가구나 일용품 등의 디자인으로도 업적을 남겼다.
▶ **아르텍**(Artek) 알토 부부가 친구와 함께 1935년에 설립한 핀란드의 가구 제조회사.

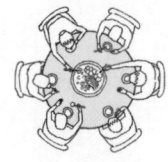

다이닝룸에 대하여

식탁은 놓는 위치와 사람 수를 고려하여 정한다

아침 햇살을 받으며 식사할 수 있도록 식탁은 동쪽 창가에 놓는 편이 좋다.

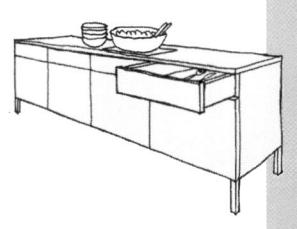

  식탁은 동쪽 창문 옆에 놓는 편이 좋습니다. 햇빛을 받으며 아침식사를 하면 뇌 호르몬이 분비되어 몸의 감각세포가 각성되기 때문입니다.

  식탁은 주로 가족들과 식사를 하는 곳이지만, 손님이 왔을 때는 더 많은 의자가 필요합니다. 일반적으로 식탁에는 몇 명이 앉을 수 있을까요? 직사각형 모양의 장방형 식탁은 긴 변에 마주 앉았을 때, 의자 간격은 600mm 이상이 필요합니다.

  짧은 변에도 앉게 되면 두 자리가 더 늘어나지만, 식탁의 폭에 따라 식사하는 공간이 좁아져 주의해야 합니다. 원형 식탁의 경우, 정식으로 테이블 세팅을 해놓고 먹는 식사는 여러 사람이 앉을 수 없지만, 가운데에 요리를 놓고 덜어서 먹는 식사라면 의자 간격이 좁아도 서로 팔꿈치가 닿지 않아 여러 사람이 앉을 수 있습니다.

식탁은 앉는 사람의 수를 고려하여 선택한다

표준적인 4인용 식탁

식탁의 긴 변에 두 사람씩 앉는다. 길이가 1,200mm인 식탁이라도 4명이 앉을 수 있지만, 그런 경우에는 식탁의 다리가 방해되지 않도록 식탁의 다리가 중앙에 있는 것을 선택하는 것이 좋다.

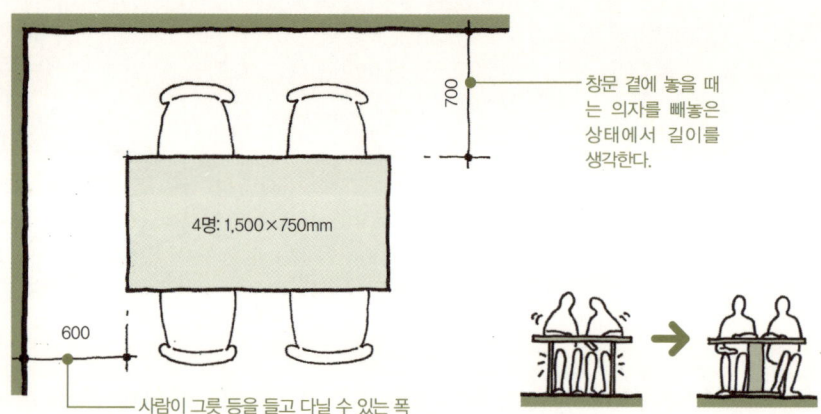

짧은 변에도 앉는 경우

식사를 여유롭게 할 수 있는지 알고 싶으면 식탁 위에 플레이스매트를 깔아 본다. 플레이스매트는 대체로 420×320mm이다. 플레이스매트를 깔아보면 식탁의 짧은 변에 앉기 위해서는 긴 변이 1,600mm 정도가 적당하다는 사실을 알 수 있다.

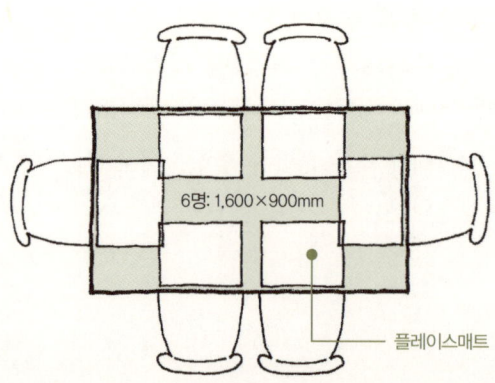

원탁에 앉을 수 있는 인원은 식사 종류에 따라 달라진다

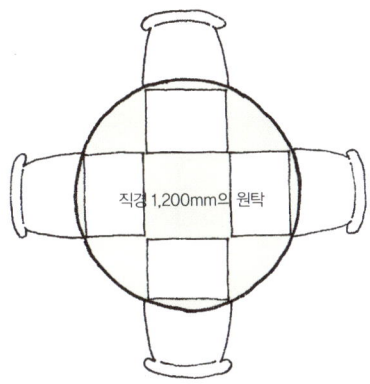

원탁인 경우. 정식으로 테이블 세팅을
해서 먹는 식사는 4명이 좋다.

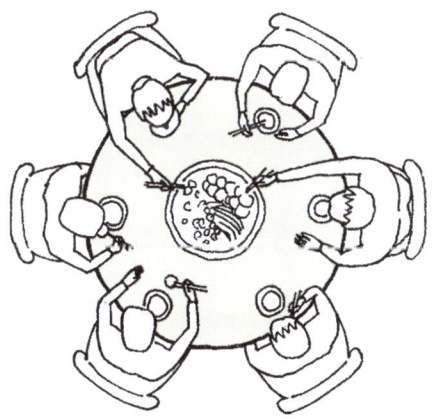

요리를 가운데 놓고 접시에 덜어 먹는다면
6명도 가능*

* 원탁이 너무 크면 가운데에 놓여 있는 요리를 집어먹기 힘들며 치우기도 어렵다. 중식당에 있는 회전식 쟁반을 사용하지 않는 경우에는 직경 1,400mm를 넘지지 말아야 한다. 또한 원탁에는 상석과 하석의 구별이 없다고 생각하기 쉬운데, 중화요리에서는 입구에서 먼 쪽이 상석, 입구에서 가까울수록 하석이 된다.

자유로운 형태의 프리폼 식탁 by 샤를롯 페리앙

식탁, 사각형이나 원형이 아니어도 된다

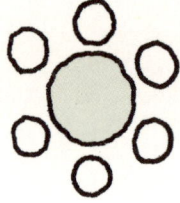 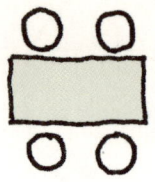 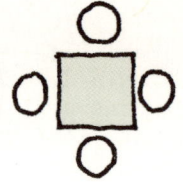

방의 구석진 공간에서도 유용하게 사용할 수 있는 원형 식탁이다. 자유롭게 배치하기 쉽지만 벽에 붙일 수가 없다.

가장 일반적인 직사각형 식탁은 안정적이고 정돈된 느낌을 준다.

정사각형 식탁은 크게 만들 수가 없으며 4명 이상 앉을 수가 없다. 하지만 공간을 효율적으로 이용할 수가 있어 작은 방에 적절하다.

    식탁 상판이 어떤 모양인지에 따라 방 분위기가 달라지고, 앉는 사람의 관계가 미묘하게 달라집니다. 가령 일반적인 직사각형 식탁이라도 모서리를 둥글게 깎으면 부드러운 느낌을 줍니다. 원형 식탁은 앉아 있는 사람들의 얼굴이 한눈에 들어오고 대화를 나누기 편한데, 지나치게 크면 가운데에 회전식 쟁반이 필요해집니다.

    식탁을 선택할 때는 식탁의 다리 수와 놓는 위치를 생각해야 합니다. 보통 식탁은 다리가 4개 달려 있지만 가운데에 다리 2개가 모여 있는 것도 있습니다. 이런 식탁은 의자를 자유롭게 배치할 수 있습니다.*

    사실 식탁은 다양한 모양으로 만들 수 있습니다. 페리앙은 방의 조건이나 크기에 맞춘 프리폼 식탁을 제안했습니다. 혼자 사는 작은 방에는 좀 큰 듯싶지만 손님이 많이 와도 함께 앉아서 밥을 먹을 수 있으며, 한쪽에서 식사를 할 때 반대쪽에서 일을 할 수 있습니다. 무엇보다 혼자 지내는 방인 경우, 크고 자유로운 형태의 식탁이 존재감을 발휘하며 풍요로운 느낌을 줍니다.

개성 있는 식탁이 방의 성격을 결정 짓는다

작은 공간에 놓인 큰 식탁

페리앙은 작고 천장이 낮은 방에 커다란 식탁(프리폼 식탁)을 배치했다. 자유로운 형태에 두꺼운 식탁 상판, 그리고 세 개의 다리가 개성적이다.

프리폼 식탁은 식탁 어느 곳이든 자유롭게 앉을 수 있다.

어느 쪽이 사용하기 편할까

식탁은 식사, 독서, 일 등 다양한 용도로 사용할 수 있다. 왼쪽은 일반적인 직사각형 식탁, 오른쪽은 페리앙의 프리폼 식탁.

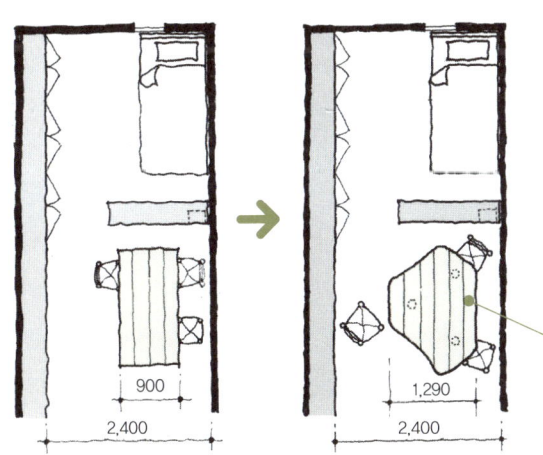

하는 일에 따라 앉는 위치를 바꿀 수 있다. 큰 식탁이 작은 공간을 한층 자유롭게 활용할 수 있게 해준다.

* 다리가 4개 달린 식탁은 안정적이지만, 의자가 다리에 닿지 않게 배치해야 한다. 다리가 3개 달린 식탁은 상판의 모양에 따라서 불안정해질 수 있다. 상판의 중심에 다리가 달린 식탁은 의자를 넣고 빼기가 편하기 때문에 무거운 의자를 사용할 때 좋다.

하이 앤 로우 테이블 by 아일린 그레이

식탁의 변신, 리버시블 식탁

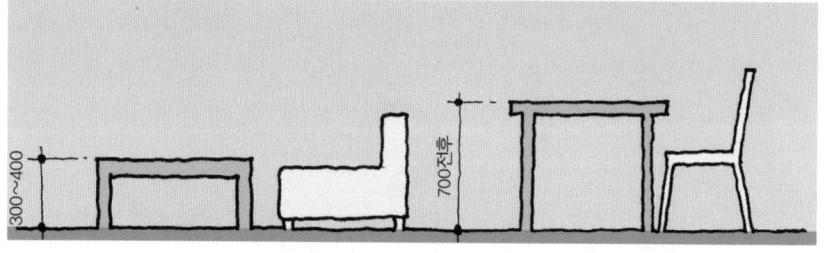

테이블의 높이도 의자의 높이나 상황에 따라 바뀐다.

의자는 용도나 상황에 따라 필요한 높이가 달라지는 법인데, 식탁의 높이도 상황에 따라 바꾸어줄 필요가 있습니다. 하지만 한정된 공간 속에서 용도에 맞춰 여러 식탁을 준비할 수는 없겠죠. 그런 경우 식탁의 높이를 바꿔서 여러 용도로 쓸 수 있다면 편리할 겁니다.

아일랜드 출신의 모더니즘 가구 디자인의 선구자인 아일린 그레이(186쪽 참조)는 다이닝룸 식탁과 거실 테이블로 쓸 수 있는 리버시블 식탁을 디자인했습니다. 상판과 스틸 파이프로 이루어진 평범한 식탁이지만, 상판을 뒤집고 식탁을 옆으로 넘기면, 400mm 정도 높이의 거실용 테이블로 변신합니다. 게다가 상판에도 반짝이는 아이디어가 숨어 있습니다. 식탁용 상판은 그릇이 미끄러지지 않고 소리가 나지 않도록 코르크를 입혔고,* 거실용 테이블로 사용하는 뒷면은 바깥에서도 쓰기 편한 납 시트를 깔았습니다. 높이뿐만 아니라 상판의 소재도 달리 해서 분위기도 바꾸어주는, 두 개의 역할을 해내는 식탁을 만든 것입니다.

1테이블 2역으로 변신하는 식탁

그레이의 하이 앤 로우 테이블(High & Low table)은 언뜻 보면 평범한 1인용 식탁.

식탁 상판에는 그릇이 미끄러지지 않도록 코르크를 입혔다.

상판을 뒤집고 식탁을 옆으로 넘기면……,

라운지 체어에 앉아 쉬거나 바닥에 쿠션을 놓고 앉아 쉴 때 쓰는 테이블로 변신.

거실 소파나 방석에 앉아 차 등을 마실 수 있는 테이블로 변신. 거실 테이블의 상판은 밖에서도 쓸 수 있는 납 시트를 깔았다.

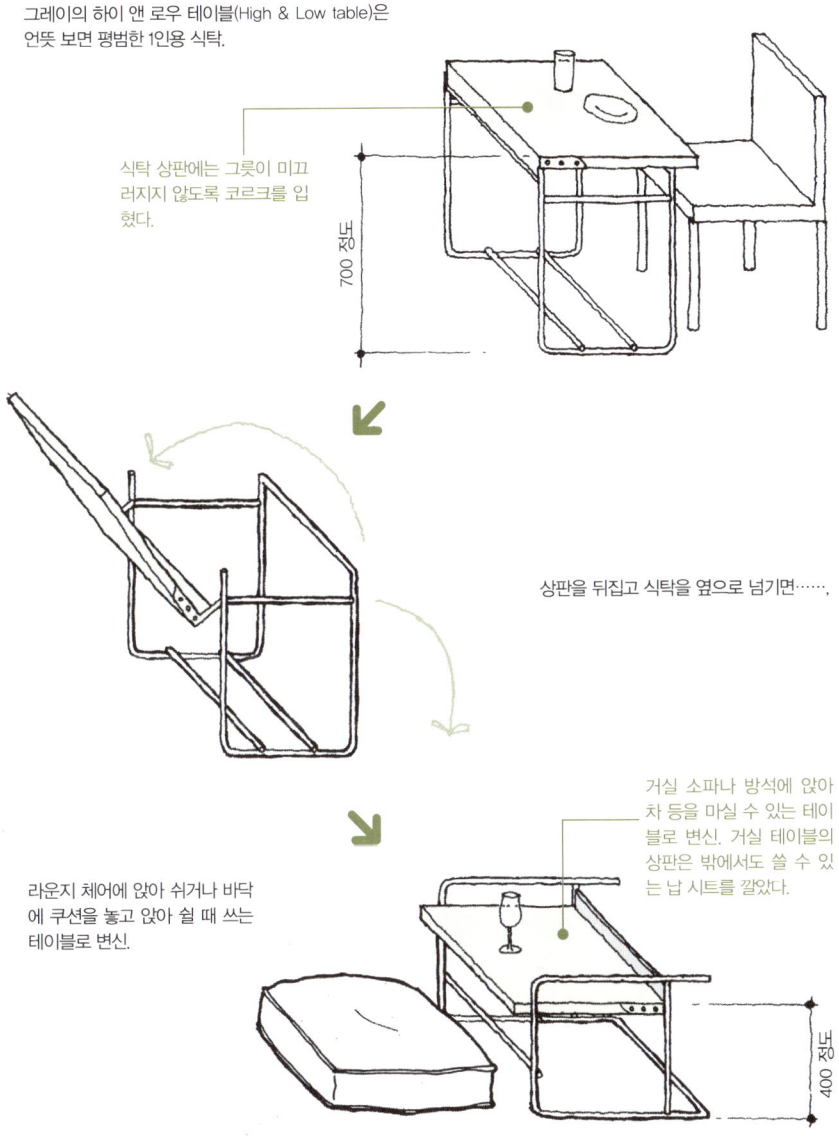

* 코르크는 단열성, 흡음성, 차음성이 우수하다. 또한 쿠션감이 있기 때문에 어린아이나 고령자가 쓰는 방의 바닥재로 적절하다. 소재감이 좋은 왁스를 바르는 것보다 강화우레탄이나 세라믹을 입히는 편이 관리하기가 편하다.

확장 테이블 by 샤를롯 페리앙

가구의 크기 조절로 공간을 유연하게 활용하다

방의 크기는 몇 사람이 쓰고 어떤 목적으로 사용하느냐에 따라 결정됩니다. 예를 들어 전통적인 일본의 방은 그런 점에서 편리하죠. 사람 수가 적을 때는 미닫이문을 닫아놓으면 아담한 공간이 되고, 많은 사람이 모일 때는 두 방 사이에 놓여 있는 미닫이문을 열면 하나의 큰 방으로 변신합니다. 즉 필요에 따라 방의 크기를 조절할 수가 있습니다.

그런데 방의 크기를 조절할 수 없는 경우에는 어떻게 하면 좋을까요? 이때는 역발상이 필요합니다. 가구의 크기를 조절해서 공간을 유연하게 사용하면 되겠죠. 신축성 있는 가구로 대표적인 것은 확장 테이블입니다. 필요할 때만 크게 확장해서 사용할 수 있는 것입니다. 아무래도 공간이 한정된 방에 큰 테이블을 두는 것은 비효율적이겠죠.

일반적인 확장 테이블(Ospite)은 확장하는 상판의 길이에 따라 단계적으로만 늘일 수가 있는데, 조작하기가 복잡한 상품도 있습니다. 하지만 페리앙이 디자인한 확장 테이블은 테이블의 한쪽을 당기면 1,750~3,000mm의 범위에서 원하는 길이로 만들 수가 있습니다. 이렇게 유연한 가구라면 식탁뿐만 아니라 다양하게 활용할 수 있겠지요.

문을 이용해 방의 크기를 조절

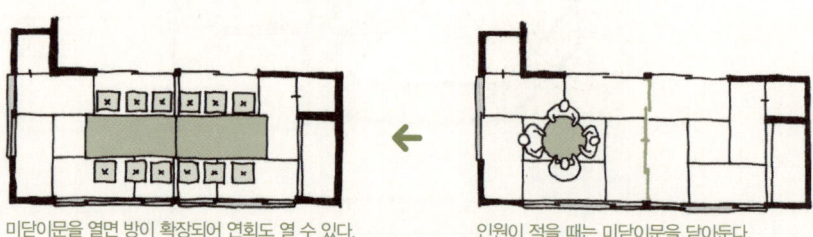

미닫이문을 열면 방이 확장되어 연회도 열 수 있다.　　인원이 적을 때는 미닫이문을 닫아둔다.

확장 테이블로 유연하게

페리앙의 확장 테이블은 상판을 안쪽 상자 속에 넣을 수 있게 되어 있어서 자유롭게 크기를 조절할 수 있다. 일반적인 확장 테이블과는 달리, 밀리미터 단위로 길이를 조절할 수 있다.

이 상자 속에 상판을 넣는대(테두리는 들어가지 않는다).

PCV 코팅 상판

크롬으로 도금한 스틸 제품의 테두리

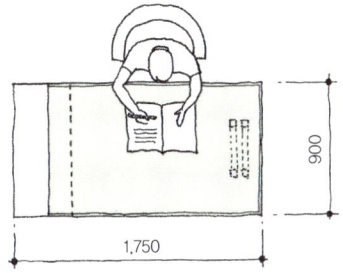

가장 작은 사이즈. 상판을 넣는 상자가 있기 때문에 실제 앉을 수 있는 부분은 좀 작아진다. 책상으로 사용할 수도 있다.

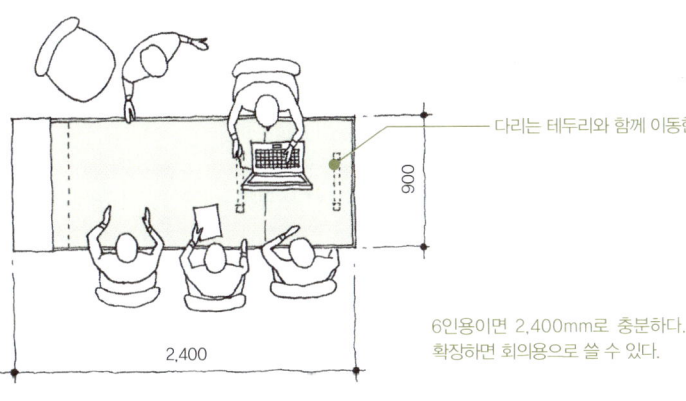

다리는 테두리와 함께 이동한다.

6인용이면 2,400mm로 충분하다. 확장하면 회의용으로 쓸 수 있다.

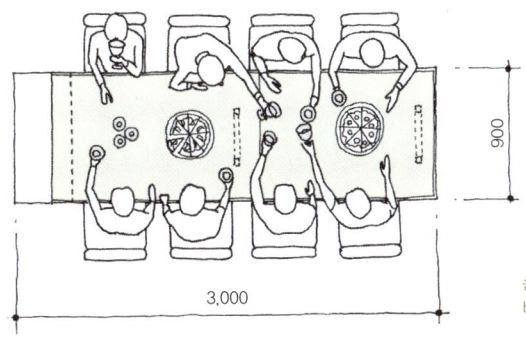

손님이 왔을 때는 8인용 테이블로 바꾼다. 이것이 최대 크기다.

다이닝룸

LC7* by 르 코르뷔지에, 피에르 잔느레, 샤를롯 페리앙

회전하는 식탁용 의자

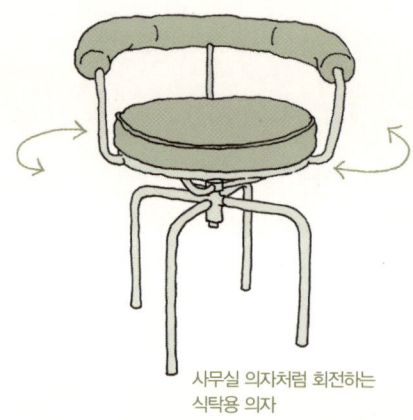

사무실 의자처럼 회전하는
식탁용 의자

    일반적으로 식탁용 의자는 회전하지 않습니다. 기본적으로 의자에 앉은 사람이 앞을 보고 식사할 수 있게 설계되었기 때문입니다. 하지만 실제로는 식사를 하면서 옆의 소파에 앉아 있는 사람에게 말을 걸기도 하고 몸을 돌려 뒤에 있는 물건을 집기도 합니다. 또한 의자에서 일어서거나 앉을 때도 있습니다. 가만히 의자에 앉아만 있는 경우가 많지 않습니다.

    회전하는 식탁용 의자는 일반적인 식탁용 의자에서 하기 어려운 동작을 편하게 할 수 있습니다. 사무실 의자에서 아이디어를 따온 것이죠. 사무실 책상에 앉아 일할 때는 전화를 받거나 뒤에 있는 선반의 파일을 정리하는 등 다양한 동작을 하게 마련입니다. 그런 동작을 할 수 있도록 의자도 회전이 가능하고 바퀴가 달려 있어 이동할 수 있게 되어 있습니다.

    앉은 사람의 움직임을 한층 자유롭게 도와주는 이 의자는 움직임도 적어 놓아두는 공간이 좁아도 됩니다.

사람의 움직임을 자유롭게 해주는 의자

회전하는 의자는 공간이 좁아도 상관없다

일반적인 식탁용 의자는 예의바르게 식사를 할 수 있지만 움직이기가 어렵다. 그러나 회전하는 의자는 움직이기가 쉽다.

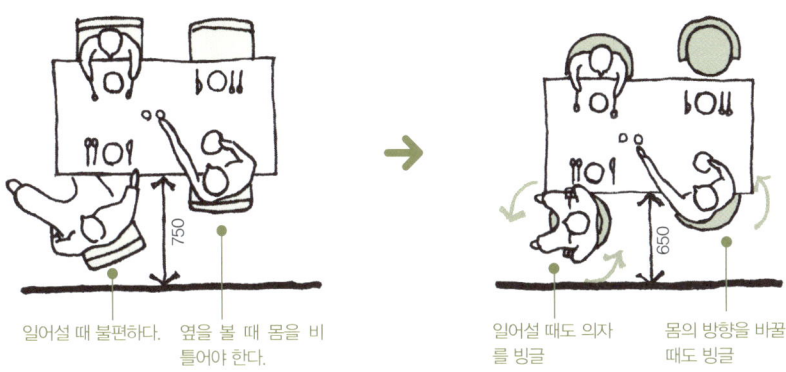

일어설 때 불편하다. 옆을 볼 때 몸을 비틀어야 한다. 일어설 때도 의자를 빙글 몸의 방향을 바꿀 때도 빙글

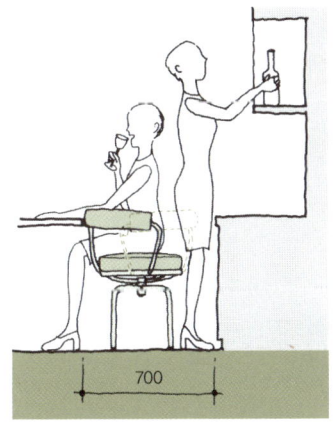

의자를 돌려 뒤에 있는 물건을 바로 집을 수가 있다.

등받이가 없어 한층 자유롭게 움직일 수 있는 유형

LC7은 등받이가 있기 때문에 그만큼 공간이 필요하다. 등받이가 없으면 한층 좁은 공간에서 부담 없이 사용할 수가 있다.

등받이가 없는 유형(LC8)

*LC는 르 코르뷔지에가 디자인한 가구 시리즈에 붙는 약칭으로, 대부분 르 코르뷔지에와 피에르 잔느레, 샤를롯 페리앙이 공동 설계한 것이다.

유리 텀블러 by 아이노 알토

디자인과 편리함이 돋보이는 유리 텀블러

아이노 알토를 자연스레 연상시키는 유리 텀블러는 1932년 유리 디자인 공모대회에서 2등을 한 작품입니다. 남편인 알바 알토도 응모했는데 아이노의 작품만 뽑혔습니다. 이후 유리 그릇이 앞다투어 나오고 꾸준히 인기를 끌면서 다양한 유형이 만들어졌습니다. 지금은 핀란드의 이딸라 사에서 두 가지 사이즈의 텀블러·주스 잔·접시, 세 가지 사이즈의 볼이 판매되고 있습니다.

유리의 특징과 아름다움을 충분히 살려낸 이 디자인의 원래 이름인 'Bolgeblick'은 옛날 노르웨이의 단어로 '물무늬'라는 뜻입니다. 작은 돌을 던졌을 때 수면에 생기는 파문과 같은 이 단순한 디자인은, 그릇에 빛이 닿았을 때 마치 수면처럼 더욱 아름답게 보입니다.

텀블러는 투명한 색뿐만 아니라 파란색, 녹색, 회색 등 다양한 색이 있습니다. 컵 속에 넣는 음료의 색에 따라서 변하는 느낌을 즐길 수 있으며, 안에 양초를 넣거나 물을 넣고 꽃잎을 띄우면 텀블러의 디자인을 돋보이게 해줍니다.

다양한 종류의 유리 그릇

아이노 알토의 유리 텀블러를 시작으로 둥그스름한 볼이나 뚜껑이 달린 그릇 등 다양한 형태가 만들어졌다.

쓰기 편하고 아름답다

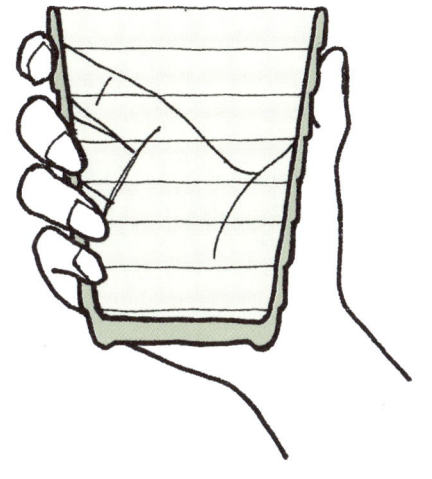

손으로 쥐기 편한 모양

물무늬 디자인은 아름다울 뿐만 아니라 실용적이다. 표면이 울퉁불퉁하기 때문에 유리의 강도가 높아진다. 쥐었을 때 손가락에 걸리기 때문에 표면이 반들반들한 일반적인 텀블러보다 미끄럽지 않고 쓰기 편하다. 종류는 113mm와 90mm가 있다.

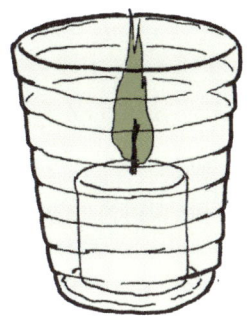

빛이 유리의 아름다움을 돋보이게 해준다

물무늬 디자인의 아름다움을 돋보이게 하려면 빛을 비추면 좋다. 안에 양초를 넣거나 컵만 조명 앞에 놓아보자. 볼에 물을 채우고 초를 띄워도 예쁘다.

다이닝룸

펜던트 조명 by 아이노 알토

식욕을 돋우는 조명

색이나 빛은 식욕과 관련이 있다고 합니다. 그렇다면 식사를 하는 다이닝룸에 어울리는 조명은 어떤 것이 좋을까요? 방 전체를 지나치게 밝지 않게 하고, 난색 계열의 빛으로 식탁 상판을 집중적으로 비추면 식욕을 돋우는 데 효과적입니다.*

펜던트 조명은 이름에서 알 수 있듯이 천장에 다는 조명입니다. 대상을 가까이에서 비출 수 있기 때문에 식탁을 주위보다 밝게 만들어 줍니다. 펜던트 조명만 사용했는데 방이 어둡다면 간접조명을 함께 사용하면 분위기 있는 다이닝룸이 됩니다.

아이노 알토도 빌라 마이레아**의 다이닝룸에 펜던트 조명을 사용했습니다. 10인용의 긴 식탁이었기에 일반적인 조명기구라면 여러 개가 필요했습니다. 그래서 그녀는 식탁의 길이에 맞게 일반적인 펜던트 조명을 옆으로 길게 잡아당긴 듯한 조명을 디자인했습니다. 단순하지만 하나의 조명 아래에서 식사를 하고 싶은 마음이 전달되는 디자인입니다.

펜던트 조명의 기본

펜던트 조명은 높은 천장이나 경사진 천장의 방에 달면, 전등을 관리하기가 편하다. 사람이 일어서서 다닐 때 방해가 되지 않는 2,000mm 정도의 높이에 다는 것이 적당하다. 그리고 올려다보았을 때 전구가 쉽게 눈에 들어오지 않는 기구를 선택한다.

전등의 높이는 3,000mm까지(접사다리를 사용해서 전등을 교환할 수 있는 높이). 더 높이 달 때는 전동승강장치를 설치한다.

다이닝룸 조명의 포인트

요리뿐만 아니라 얼굴도 아름답게 비추게

다이닝룸의 펜던트 조명은 얼굴을 아름답게 비칠 수 있도록 식탁 상판으로부터 700mm 정도의 높이에 단다. 전구가 잘 안 보이고 눈이 부시지 않는 기구가 좋다.

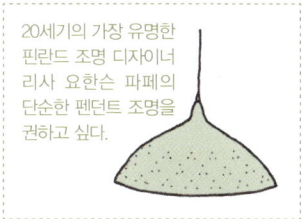

20세기의 가장 유명한 핀란드 조명 디자이너 리사 요한슨 파페의 단순한 펜던트 조명을 권하고 싶다.

확장 테이블 등 테이블의 길이가 바뀔 때는 배선 닥트를 사용해서 조명을 더 달든지, 아니면 간격을 조정할 수 있도록 해두면 좋다.

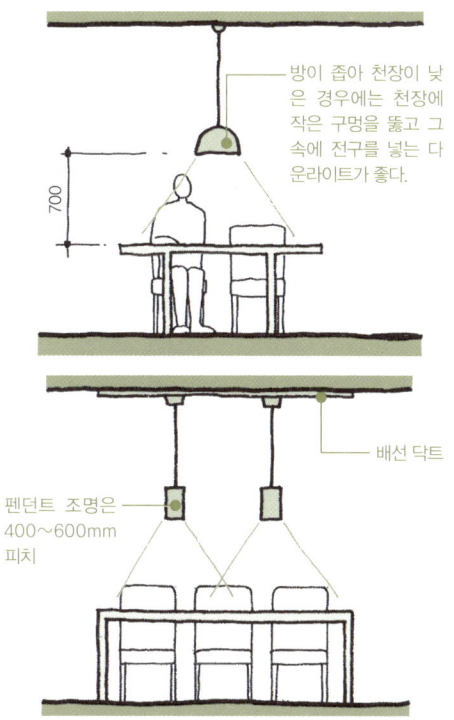

방이 좁아 천장이 낮은 경우에는 천장에 작은 구멍을 뚫고 그 속에 전구를 넣는 다운라이트가 좋다.

배선 닥트

펜던트 조명은 400~600mm 피치

빌라 마이레아의 다이닝룸

천장이 높은 빌라 마이레아의 다이닝룸은 낮게 달린 펜던트 조명이 효과적이다. 난색 계열의 빛이 요리를 부드럽게 비춘다.

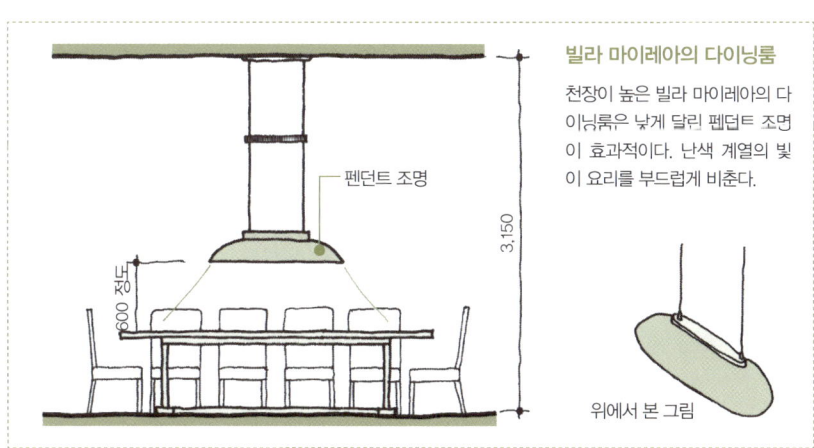

위에서 본 그림

* 난색 계열의 조명은 긴장을 풀어주고 편안하게 식사를 즐길 수 있게 해준다. 조명의 종류에는 형광등, LED전구, 백열등 등이 있다.

** 남편 알바 알토와 함께 작업한 것으로, 알토 스타일을 압축해서 보여준다. 모더니즘 양식의 가장 중요한 건물 중 하나로 손꼽힌다. -옮긴이

서버 by 매리언 마호니 그리핀

식탁의 조력자, 사이드보드의 활용

식탁에는 다양한 물건이 모인다.

큰 식탁은 가족이 모이는 자리이기 때문에 신문이나 메모지, DM 등 자질구레한 물건들이 놓이게 마련입니다. 식탁에는 아무것도 올려놓지 않는 것이 이상적이지만, 잠시나마 물건을 놓을 수 있는 곳이 있으면 편리합니다. 그래서 사이드보드가 필요합니다.

사이드보드를 식기수납장이라고 생각하는 사람도 있을 겁니다. 하지만 사이드보드의 높이가 식탁과 비슷한 높이로 되어 있는 까닭은 원래 음식을 놓고 덜어주는 식탁의 보조도구로 쓰였기 때문입니다. 실제로 사이드보드에 요리를 차려놓고 덜어먹는 우아한 식사를 할 기회는 별로 없을지 모르겠지만, 식탁의 역할이 식사에 한정되지 않는 요즘 시대에 다시 사이드보드가 전면에 나올 때가 된 것이 아닐까요. 물건을 잠시 놓아두는 곳으로 쓰기도 좋고, 서랍에는 식사용 도구뿐만이 아니라 간단한 문방구를 넣어둘 수도 있습니다.

사이드보드를 활용하여 한결 산뜻해진 식탁에서 기분 좋게 식사를 해보면 어떨까요.

사이드보드를 유용하게 이용하자

일반적인 사이드보드

사이드보드는 식탁 대신에 다양한 물건을 놓아두고 쓸 수가 있다. 사이드보드 덕분에 식탁 위가 깨끗해진다.

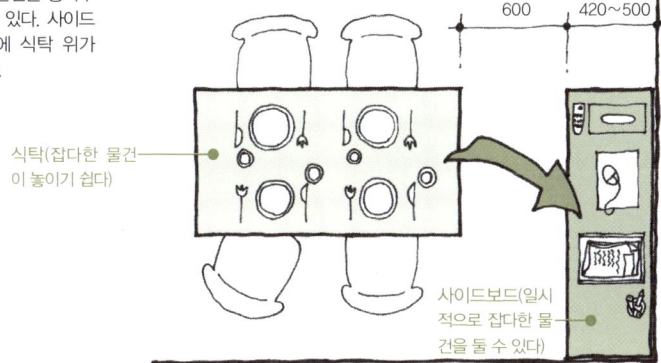

600
420~500
식탁(잡다한 물건이 놓이기 쉽다)
사이드보드(일시적으로 잡다한 물건을 둘 수 있다)

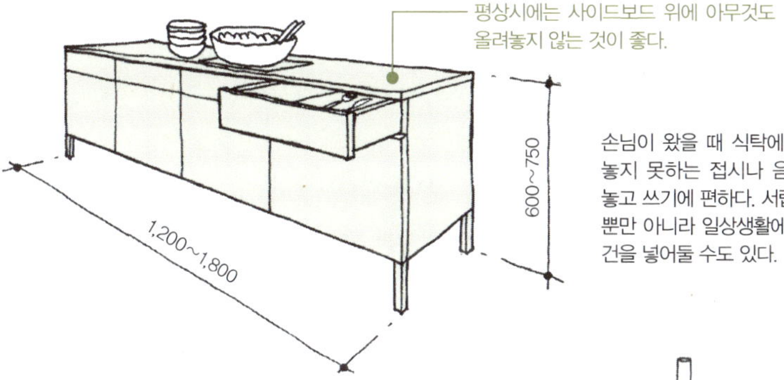

평상시에는 사이드보드 위에 아무것도 올려놓지 않는 것이 좋다.
600~750
1,200~1,800

손님이 왔을 때 식탁에 전부 올려놓지 못하는 접시나 음료수 등을 놓고 쓰기에 편하다. 서랍에는 그릇뿐만 아니라 일상생활에 필요한 물건을 넣어둘 수도 있다.

'서버'라고 이름붙인 이 사이드보드는 매리언 그리핀의 작품이다. 식탁 모양으로 독특하게 생긴 이것은 평상시에는 벽에 붙여두지만, 손님이 올 때 식사할 인원이 늘어나면 식탁 대용으로 쓰였다고 한다.

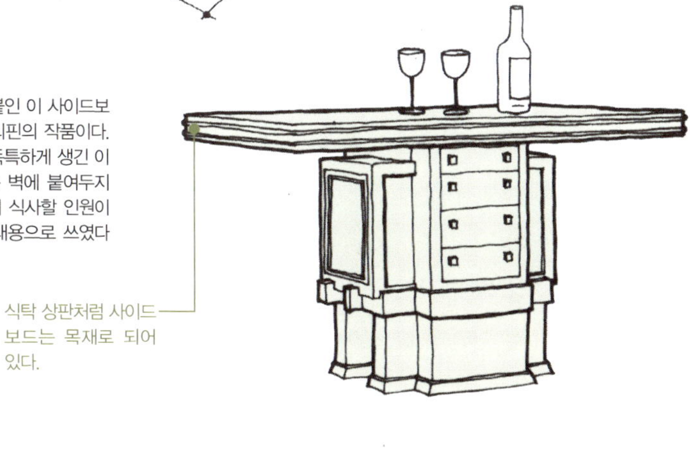

식탁 상판처럼 사이드보드는 목재로 되어 있다.

그림자 의자 by 샤를롯 페리앙

그림자처럼 은밀하게 존재감을 드러내다

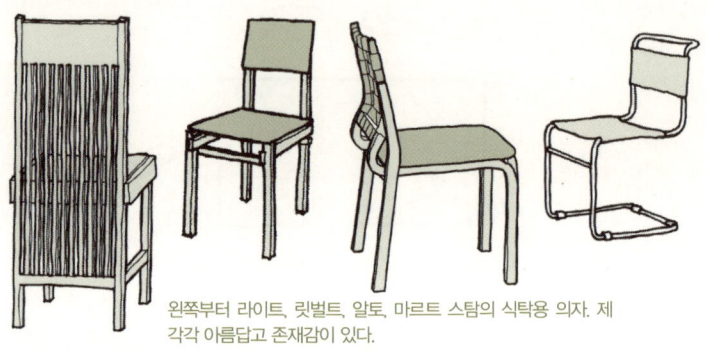

왼쪽부터 라이트, 릿벌트, 알토, 마르트 스탐의 식탁용 의자. 제 각각 아름답고 존재감이 있다.

식탁용 의자는 디자인이 다양합니다. 유명 디자이너가 만든 의자는 한결같이 아름답지만, 실제 다이닝룸에 배치하면 독특한 자태로 인해 테이블 웨어나 요리가 빛을 잃어버립니다.

페리앙은 일본에서 가부키를 관람할 때, 검은 옷을 입고 배우의 연기나 무대 진행을 돕는 구로코(실제로 존재하지만 존재하지 않는 사람처럼 취급받는 추상적인 존재-옮긴이)를 보고 감명을 받아, 그림자와 같은 식탁용 의자를 디자인했습니다. 보통 의자는 뼈대와 좌면과 등받이를 다른 소재로 만듭니다. 하지만 페리앙은 하나의 적층합판을 자르고 구부려서 의자를 만들었습니다. 가능한 한 얇고 가볍게 만들기 위해 처음에는 10mm 두께의 합판을 사용했습니다. 그리고 두드러지지 않게 하기 위해 검은색으로 칠하고 키를 낮게 만들어 식탁 위로 튀어나오지 않게 했으며, 사용하지 않을 때는 겹쳐서 쌓아놓을 수 있게 했습니다.

나중에 '페리앙 의자'라고 불리게 된 이 의자는 단독으로 있으면 섬세하고 아름다우며, 식탁 주위에 놓으면 품위가 있고 뒤에 숨어서 주역을 두드러지게 해줍니다.

섬세하고 존재를 드러내지 않는 아름다움

존재하되 존재하지 않듯이

가능한 한 존재감 없이 검고 얇고 가볍게 디자인되었다.

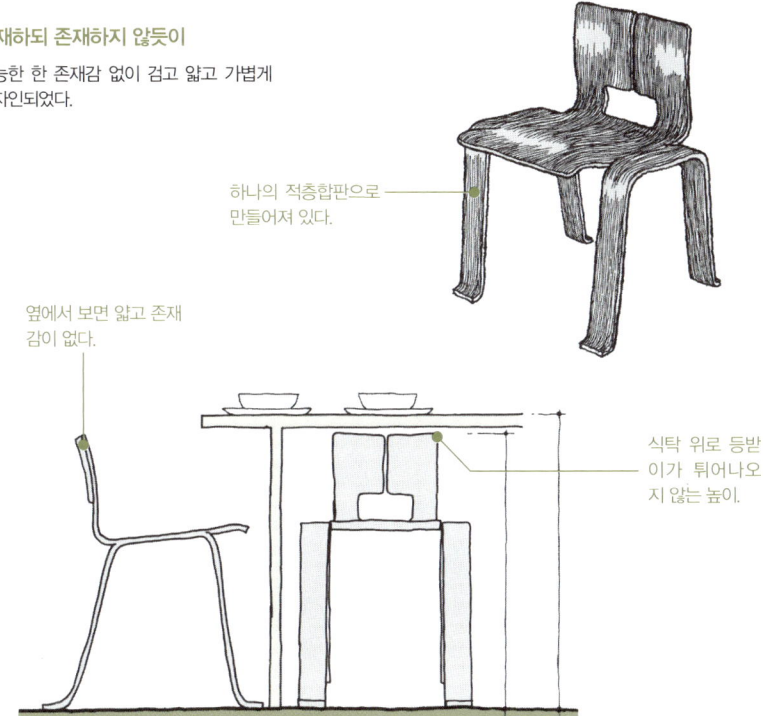

하나의 적층합판으로 만들어져 있다.

옆에서 보면 얇고 존재감이 없다.

식탁 위로 등받이가 튀어나오지 않는 높이.

합판을 색종이처럼 구부린 의자

보통 의자는 다리 위에 다른 소재의 좌면을 수평으로 얹고, 좌면으로부터 전달되는 중량을 다리가 지탱하도록 만들지만, 그림자 의자는 오른쪽 그림처럼 합판을 구부려서 만든다. 합판이 얇고 약하면 다리가 앞뒤로 벌어져 주저앉는다.

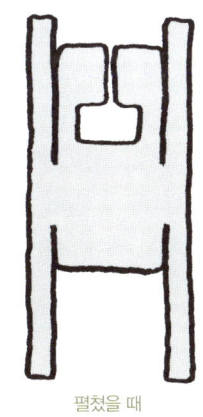

펼쳤을 때

초기의 그림자 의자는 10mm의 합판으로 만들어서 강도가 약해 주저앉는 경우도 있었다. 나중에 판매되던 복제판은 17mm 두께로 하여 합판의 강도를 높였다.

COLUMN 3

라이트의 한 팔이 되어 일한 건축가

매리언 마호니 그리핀
Marion Mahony Griffin(1871-1961)

매리언 마호니 그리핀이란 이름은 모르더라도 그녀의 도면을 본 적이 있는 사람은 꽤 있을 것입니다. 왜냐하면 유럽에 충격을 주었던 프랭크 로이드 라이트의 작품집인 『바스무스 포트폴리오』의 도면 중 가장 유명한 작품을 포함한 반수 이상이 그리핀이 그린 것이기 때문입니다. 이 포트폴리오가 라이트에게 얼마나 중요한 것이었는지를 생각하면 당시 그녀를 얼마나 신임했는지를 잘 알 수 있습니다.

그리핀은 MIT에서 건축을 배운 뒤 라이트의 사무실에서 10년 이상을 근무했습니다. 서로 가족끼리도 친하게 지낼 만큼 각별한 관계였다고 합니다. 하지만 라이트가 모든 것을 버리고 애인과 유럽으로 훌쩍 떠나버리자, 그리핀은 홀로 그 뒷처리를 전부 감당해야 했습니다. 이 책에서 소개한 어빙 저택의 가구(88쪽)는 이 시기의 작품입니다.

사랑한 만큼 미움과 증오도 깊어진다는 말이 있듯이, 배신을 하고 떠나간 라이트를 평생 용서하지 않았으며, 라이트도 그녀를 무시하는 발언을 계속 해왔습니다. 이것이 그녀의 공적이 세상에 널리 알려지지 못한 이유가 아닐까요.

▶ **프랭크 로이드 라이트**(Frank Lloyd Wright: 1867~1959) 근대 건축의 4대 거장 중 한 사람으로 미국 건축계의 아버지로 불린다. 낙수장, 도쿄의 데이고쿠 호텔 등 세계 건축사에 길이 남을 만한 건축물을 남겼다.

▶ **바스무스 포트폴리오**(Wasmuth portfolio) 1910년에 독일에서 출판된 라이트의 작품집. 건물 투시도나 도면 등 100장이 석판화로 인쇄되었다. 유럽 건축계에 충격을 안겨주었으며 근대건축운동에 큰 영향을 미쳤다.

사람이 모이는 '공간'을 만든다

거실, 의자가 만드는 공간

거실에 대하여

집 안과 밖을 연결하거나 차단하는 블라인드와 커튼

집 안과 밖은 벽으로 분리되어 있는데, 그 안과 밖을 연결하는 것은 창문입니다. 창문을 통해 빛이 들어오고, 안에서 밖의 경치를 볼 수 있습니다. 하지만 창문을 가리고 싶을 때도 있기 때문에, 무엇으로 가릴 것인가를 생각할 필요가 있습니다.

일반적으로 창문에는 커튼이나 블라인드를 설치합니다. 커튼과 블라인드를 선택할 때는 비용이나 겉모양만 따져 봐서는 안 됩니다. 창문의 방향을 확인하고 각 창문에 적합한 유형인지를 생각해야 합니다. 태양의 고도가 높은 여름에는 낮에 남쪽에서 들어오는 햇빛을 차단할 수 있도록 횡형인 베네치안 블라인드가 효과적입니다.

하지만 햇빛이 거의 수평으로 들어오는 서쪽 창문에는 거의 도움이 되지 않습니다.* 그리고 집 밖에서 들어오는 한기를 차단하기 위해서는 틈이 많은 블라인드보다 두꺼운 커튼이 좋습니다.

---

* 일반적으로 햇빛 차단 효과는 블라인드 〉 롤 블라인드 〉 커튼 순서로 높다. 밝은 색에 광택이 있는 재료를 사용하는 편이 효과적이다.

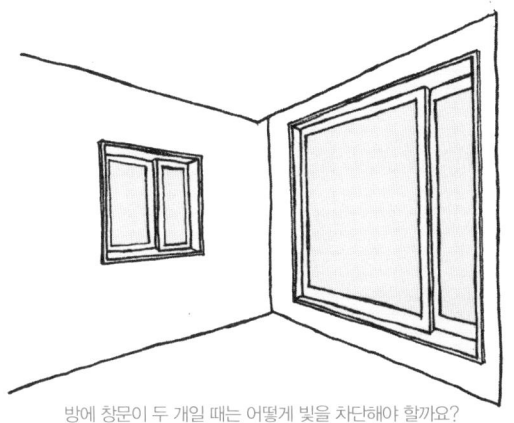

방에 창문이 두 개일 때는 어떻게 빛을 차단해야 할까요?

커튼 가장 일반적인 방법. 방을 넓게 차지하는 커튼은 방의 분위기를 좌우하기 때문에 다른 인테리어와의 조화를 생각해서 선택해야 한다.

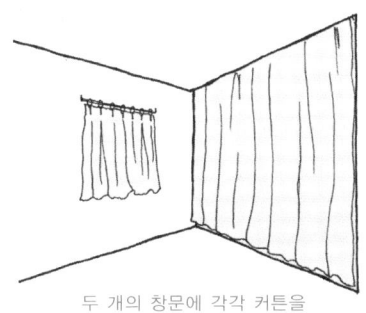

두 개의 창문에 각각 커튼을 다는 일반적인 방법

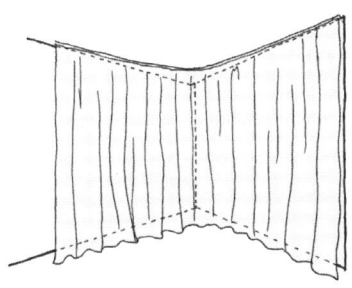

두 개의 창문에 한 개의 커튼을 달면 정돈된 느낌이 든다.

집 안과 밖을 연결하거나 차단하는 것

횡형 블라인드(베네치안 블라인드)
활짝 열었을 때 커튼처럼 한 쪽에 두툼히 모여 있지 않아 깔끔한 느낌을 준다. 베네치안 블라인드는 날개의 각도를 조정하여 햇빛을 조절할 수 있으며 바람을 통하게 할 수 있다.

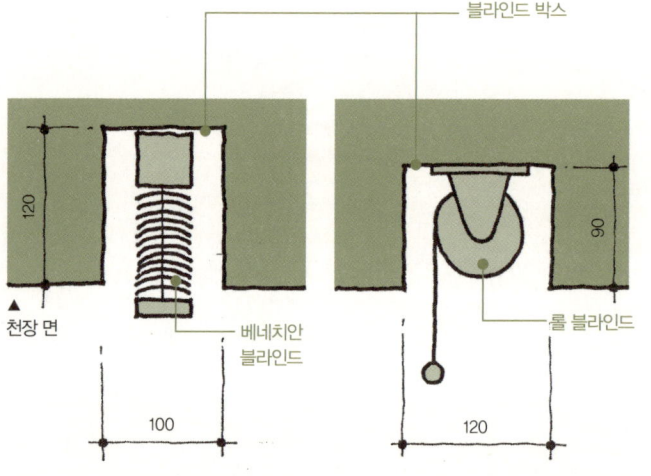

블라인드를 천장에 달면 심하게 튀어나오기 때문에 블라인드 박스에 넣어서 단다.

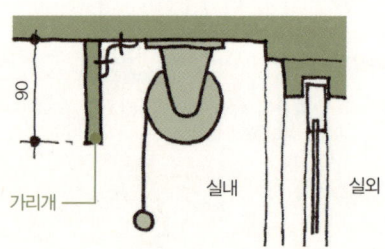

천장에 블라인드 박스를 만들 수 없을 때는 천장과 같은 색의 가리개를 다는 방법도 있다.

종형 블라인드(버티컬 블라인드)

횡형 블라인드와 마찬가지로 날개의 각도를 조절해서 들어오는 햇빛을 조절하거나 바람을 통하게 할 수 있다. 활짝 열었을 때 커튼처럼 한쪽에 두툼히 모여 있지 않아 깔끔한 느낌을 준다.

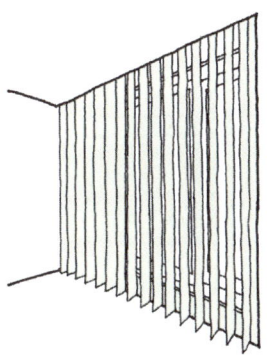

오른쪽 그림은 아일린 그레이가 디자인한 하이 사이드 창에 다는 종형 블라인드. 날개의 각도를 조정할 수 있다. 폭넓은 날개는 종형 블라인드의 특징. 그녀는 창문 밖에도 다양한 햇빛 차단 장치를 설계했다.

하이 사이드 창에 다는 종형 블라인드

거실

슈뢰더 하우스의 거실 by 트루스 슈뢰더, 헤릿 릿벌트

전망 좋은 2층에 거실을 만들다

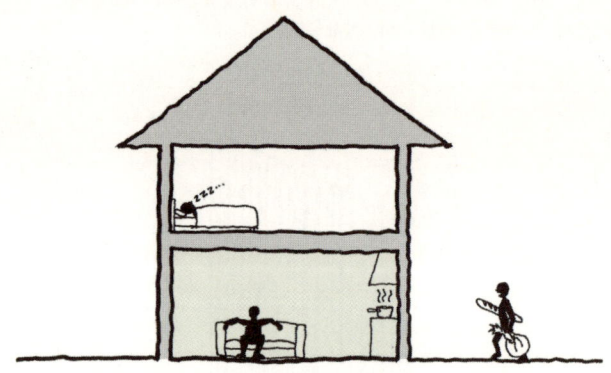

거실과 부엌이 1층에 있으면 가사를 하기에는 편하지만……

    일반적으로 이층주택에는 1층에 거실과 다이닝룸이, 2층에는 침실이 배치되어 있습니다. 현관에 들어서자마자 거실이 바로 보이면 가족들이 모여 함께 시간을 갖기 편하며, 부엌도 1층에 있으면 식료품을 사두기 편합니다.

    하지만 거실이 2층에 있으면 생기는 이점도 있습니다. 슈뢰더 하우스의 공동 설계자 트루스 슈뢰더(102쪽 참조)는 집을 지을 때 대지가 좁아서 전망이 좋은 2층에 거실을 만들 생각을 했습니다. 그런데 당시 네덜란드에서는 거실은 당연히 1층에 있어야 했기에, 건축 허가 신청 도면에는 다락방이라고 적어야 했습니다.

    그런 우여곡절을 겪은 끝에 길에서 엿볼 염려가 없는 2층 거실을 만들 수 있었습니다. 유리를 폭넓게 사용해서 탁 트인 느낌을 주며, 햇빛도 잘 들어오고 전망도 좋습니다. 다이닝룸에는 특별히 코너에 창문을 만들어서 뒤쪽의 전원적인 풍경을 즐길 수 있게 했습니다.

    일반적인 1층과 2층의 구조를 뒤집어서 탄생한 특별한 거실인 것입니다.

개방적인 거실의 포인트

생활하기 편한 구조로 만든다

거실과 부엌을 2층에 마련하면 공간이 작아질 뿐만 아니라 식료품을 옮기기에도 어렵다. 그래서 슈뢰더는 부엌은 1층에 배치하고, 1층 부엌과 2층 다이닝룸을 덤웨이터(작은 짐을 나르는 데 쓰는 엘리베이터)로 연결시켰다.

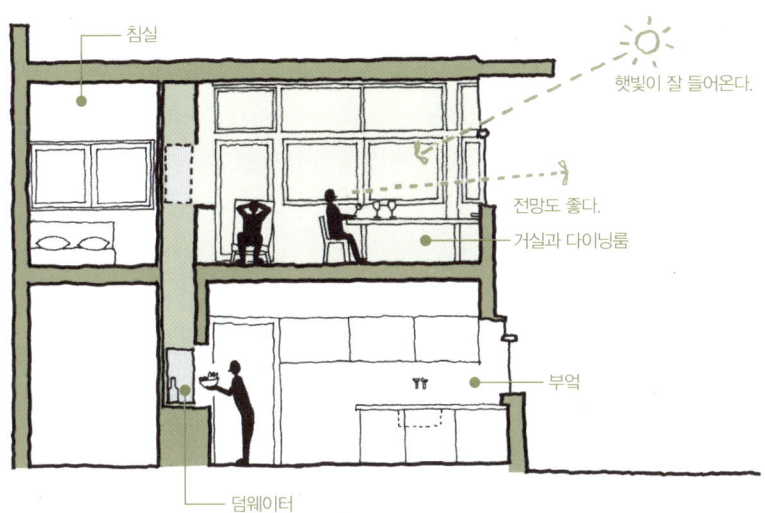

코너에 창문을 만들어 개방적인 느낌을 주었다

거실과 다이닝룸의 코너 창. 열면 방의 모서리가 없어지고 밖의 자연과 하나가 된다.

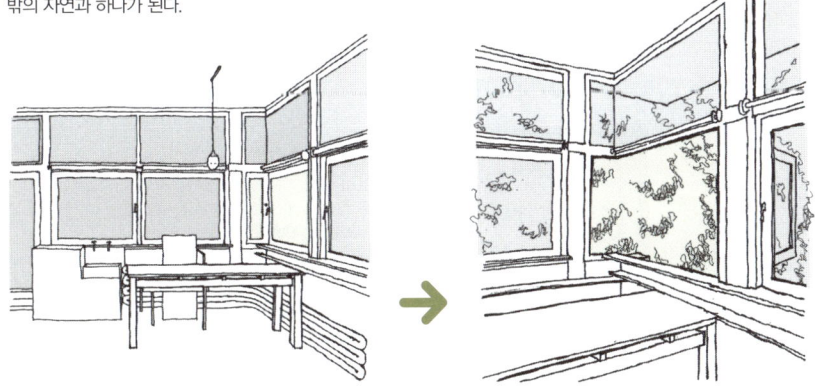

슈뢰더 하우스의 거실과 다이닝룸   코너의 창을 열면 자연과 하나가 된다.

브릭 스크린 by 아일린 그레이

느슨하게 방을 나누는 방법

거실

최근 들어 거실과 다이닝룸이 한 공간에 배치되는 경우가 많아졌습니다. 그런데 가족들이 식사하는 시간이 다르면 조금 불편합니다. 또한 책상과 침대가 붙어 있던 아이들 방도 성장하면 공부방과 침실로 나누어 사용하고 싶어질 수도 있습니다. 이와 같이 공간을 유연하게 나누어 쓰는 방법에는 어떤 것이 있을까요. 기본적으로 67쪽 그림과 같이 네 가지 방법이 있습니다. 이 밖에 베네치안 블라인드를 사용하면 간단하게 나누어 쓸 수 있습니다. 자유롭게 올리고 내릴 수 있으며 날개 각도로 시야를 차단할 수도 있고 통하게 할 수도 있습니다. 둘로 나뉘는 방의 성격에 따라 조정해서 쓸 수 있습니다. 다만 천장에 설치하기 때문에 넓은 천장이 둘로 나뉘게 됩니다.

그레이가 디자인한 칸막이벽은 옻칠을 해 광택 나는 판재를 연결해 놓은 것입니다. 각도에 따라서 시선이 차단되거나 통할 수 있기에 두 개의 공간을 느슨하게 나누어 쓸 수 있습니다. 아름다울 뿐만 아니라 두 공간의 관계에 따라서 조정해서 쓸 수 있는 칸막이입니다.

방을 나누는 방법에 대해 생각해보자

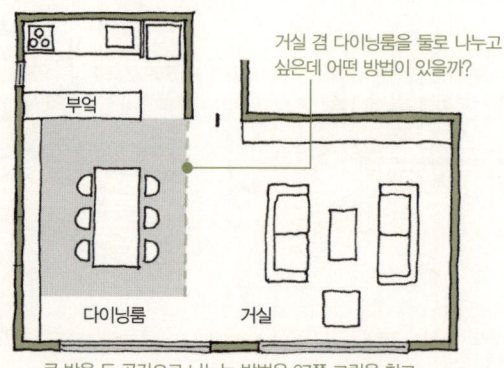

큰 방을 두 공간으로 나누는 방법은 67쪽 그림을 참고.

한 방을 둘로 나눈다

방을 나누는 네 가지 방법

천장에서 바닥까지 벽으로 차단하면 튼튼하다. 단, 투과성이 있는 유리벽으로 하면 좋다.

커튼 등 천으로 부드럽게 방을 나눈다. 비용이 저렴하고 쉽게 열고 닫을 수 있지만, 넓은 천장이 둘로 나뉘게 된다.

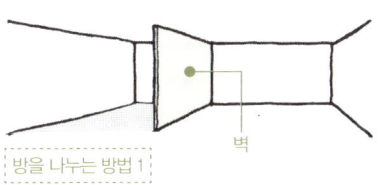

방을 나누는 방법 1 — 벽

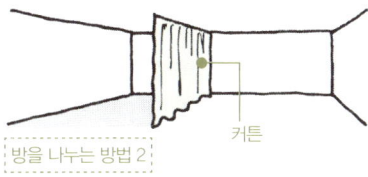

방을 나누는 방법 2 — 커튼

칸막이나 병풍 등을 놓아서 둘로 나눈다. 이것들이 한눈에 들어와 방의 이미지를 결정하기 때문에 신중하게 선택해야 한다.

자연스럽게 경계선을 나타내고 싶다면 가구를 두는 방법도 있다. 이런 경우에는 앞뒤 구별이 없는 가구를 선택하는 것이 좋다.

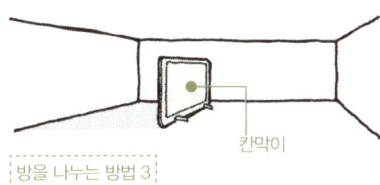

방을 나누는 방법 3 — 칸막이

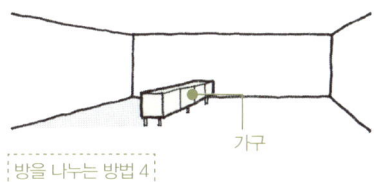

방을 나누는 방법 4 — 가구

칸막이의 디자인이 방의 성격을 결정한다

그레이가 디자인한 브릭 스크린(Brick Screen)이란 옻칠한 광택 나는 여러 판재를 연결시켜 놓은 칸막이를 말한다. 각 판재가 제각각 다른 면을 보여주며, 판재와 판재 사이로 반대쪽이 보였다가 가려졌다가 한다. 방향에 따라 다르게 보이는 미묘한 느낌이 있는 칸막이다.

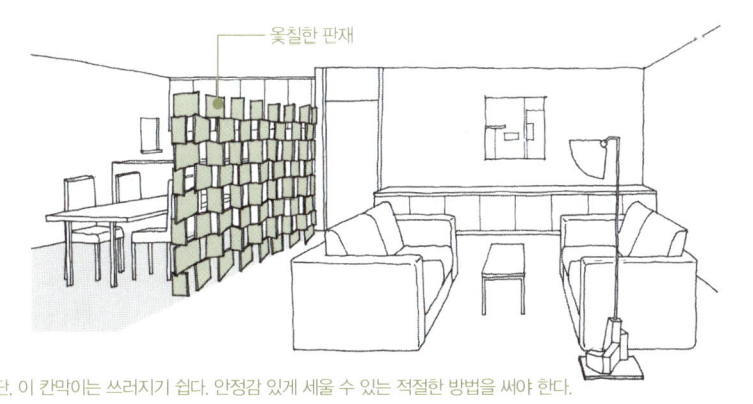

옻칠한 판재

단, 이 칸막이는 쓰러지기 쉽다. 안정감 있게 세울 수 있는 적절한 방법을 써야 한다.

슈뢰더 하우스의 칸막이 by 트루스 슈뢰더, 헤릿 릿벌트

없애고 싶은 가족 간의 벽

가족은 물리적으로도 정신적으로도 벽이 없는 사이가 좋은가?

　가족 모두 함께 거실에서 시간을 보내는 것이 이상적인 가정의 모습입니다. 하지만 아이들은 크면 자기 방에 틀어박혀서 거실에 나오지 않고, 부모와 대화가 단절되는 경우가 허다합니다. 거실에 가족이 모이게 하기 위해서는 어떻게 하면 좋을까요?

　슈뢰더 하우스는 거실과 각 방을 하나의 공간에 배치하는 대담한 방법을 제시하고 있습니다. 낮에는 다이닝룸 겸 거실에서 가족이 다 함께 생활하지만, 밤에 잘 때는 가동식 칸막이벽으로 각 방으로 나눕니다.* 각자의 물건은 각자의 코너에 두고, 낮에는 거기서 놀거나 책을 읽더라도, 서로 간에 벽이 없는 하나의 큰 거실에서 생활하고 있기 때문에 자연스럽게 대화를 나눌 수 있습니다.

　슈뢰더 하우스는 지금 보아도 상당히 대담한 발상에서 이루어진 집으로, 벽으로 차단된 오늘날의 집의 구조를 다시 한 번 생각하게 합니다. 가족을 가로막고 있는 벽을 없애보지 않으시렵니까?

이동이 가능한 칸막이벽

벽이 사라진 집 – 슈뢰더 하우스의 도면

낮에는 이렇게 가족이 함께 생활한다. 슈뢰더는 아이들이 외롭지 않도록 항상 함께 있을 수 있는 집을 원했다. 또한 아이들이 따로 있지 않고 엄마나 손님 등 어른들 틈에서 생활하기를 바랐다.

칸막이벽이 전부 사라진 모습

밤에 칸막이벽을 설치하면 각자의 방이 생긴다.

칸막이벽에 문이 있기 때문에 다른 방으로 드나들 수 있다.

칸막이벽을 설치한 상태

대표적인 가동식 칸막이벽(미닫이문 형태)의 종류

각 문이 레일 위에 끼어져 있기 때문에 자유롭게 이동할 수 있는 유형. 일부만 열어서 쓰는 등 유연하게 사용할 수 있지만 밀폐성이 떨어진다. 그리고 문의 수가 늘어날수록 레일의 폭도 넓어진다.

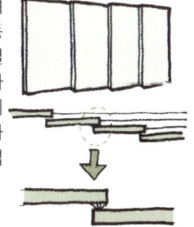

각각의 홈에 문을 끼우는 유형

모든 문이 하나의 레일에 끼워져 있는 유형. 닫으면 하나의 벽처럼 된다. 서로 닿는 부위에 틈이 생기지 않도록 처리하면 밀폐성이 높아진다.

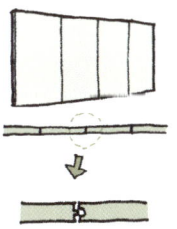

한 줄의 홈에 문 한 짝을 끼우는 유형

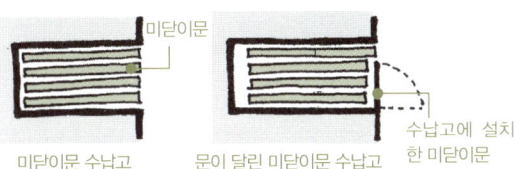

미닫이문 수납고   문이 달린 미닫이문 수납고

미닫이문을 수납고에 넣어두면 벽이 사라진다. 왼쪽 그림의 미닫이문 수납고는 문을 꺼내면 빈 공간이 보이기 때문에 가능하면 오른쪽 그림처럼 수납고에도 문을 달아두는 편이 좋다.

* 가동식 칸막이벽으로 사용되는 미닫이문은 밑에서 하중을 지탱하는 아랫미닫이를 유형이나 문바퀴 유형, 위에서 하중을 지탱하는 천장에 레일을 설치해놓는 유형이 있다. 문이 무거울 때는 천장에 적절한 강도의 레일을 설치한 유형이 열고 닫기 편하다.

소파 by 플로렌스 놀

공간 절약형 등받이 소파

이 단순한 직선적인 모양은 그야말로
모던 디자인이라 부를 수 있겠다. 1인용과 3인용도 있다.

좁은 거실에 소파를 들여놓고 싶으면 크기뿐만 아니라 배치와 디자인도 생각해봐야 합니다.

거실을 효율적으로 쓰고 싶으면 벽에 소파를 붙입니다. 벽에 맞는 소파를 주문하거나, 또는 벽을 등받이로 쓸 수 있는 소파를 배치하면 좁은 공간을 유용하게 쓸 수 있습니다. 시중에서 소파를 구입할 때는 가능한 한 뒷면이 직각인 모양을 선택해야 합니다. 등받이가 둥글거나 비스듬하면 벽 사이에 틈이 생기고 청소하기 불편해집니다.

세계적인 가구 디자인업체 놀(Knoll) 사의 설립자 플로렌스 놀이 디자인한 직선적이며 단순하게 생긴 소파는 전체적으로 크지 않지만 좌면이 넉넉합니다. 게다가 등받이가 직각이기 때문에 다른 가구와 조합하기가 쉬우며, 거실과 다이닝룸 사이에 다른 의자와 등을 붙여 배치하면 낮은 칸막이처럼 느슨하게 경계를 지어 줍니다.

소파를 선택할 때는 정면의 모양뿐만 아니라 뒷모습도 살펴봐야 합니다.*

공간을 유용하게 활용하는 소파 배치

벽에 소파를 붙여 놓을 때

소파를 벽에 붙여 놓을 때는 놀이 디자인한 소파처럼 등받이가 직각인 소파를 선택하면 벽 사이에 틈이 생기지 않는다.

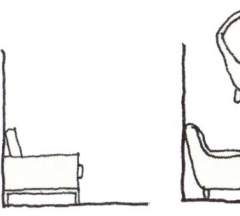

6.6m²(2평) 남짓한 작은 거실의 배치

등받이가 직각인 소파   등받이가 둥그스름한 소파

놀이 디자인한 소파의 뒷모습. 다른 가구와 조합하기가 쉽다.

천 또는 가죽

각파이프로 만든 다리

소파를 칸막이벽 대신으로

놀이 디자인한 소파는 칸막이벽으로도 사용할 수 있다. 왼쪽 그림과 같이 좁은 공간을 활용한 배치에서, 소파와 평평한 의자의 등을 붙여놓으면 거실과 다이닝룸이 한 곳에 있어도 등을 맞대고 있어 생활할 때 그다지 신경이 쓰이지 않는다.

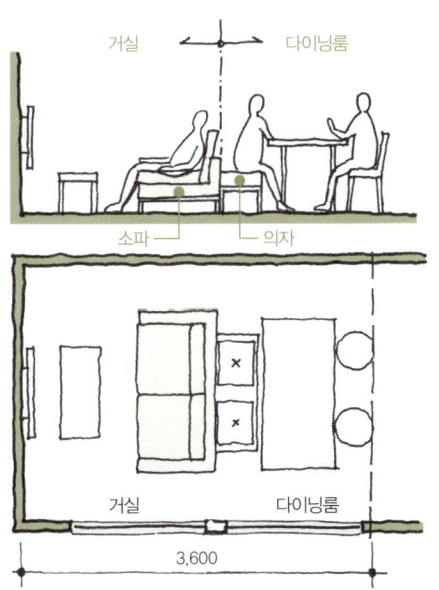

8.2m²(2.5평) 남짓한 거실과 다이닝룸의 가구 배치

* 소파는 직물이나 가죽으로 만든다. 가죽은 오래 사용할수록 길이 들어 품위가 있어 보이는데, 정기적으로 관리를 해주어야 하며 습기, 건조, 고온에 약하다. 직물은 부드러운 느낌을 주지만 때를 닦아내기 어렵다. 커버를 벗겨 세탁할 수 있는 유형도 있다.

거실

플라이우드 커피 테이블 by 찰스, 레이 임스 부부

합판으로 얇고 가볍고 튼튼한 테이블을 만들다

커피를 엎질러도 테두리가 막아준다.

앗, 커피를 엎질렀다! 걱정할 필요 없습니다. 20세기 미국을 대표하는 건축가·가구 디자이너 임스 부부가 디자인한 커피 테이블은 테두리가 달려 있어서 커피가 바닥에 흘러내리지 않습니다. 그런데 이 테두리가 과연 커피를 엎질렀을 때 바닥에 흘러내리는 것을 방지하기 위해 달려 있는 걸까요? 물론 아니죠. 다른 이유가 있습니다.

종이접시는 펼치면 팔랑팔랑한 종이에 불과합니다. 하지만 주름진 모양의 테두리를 만들어 접시 모양으로 만들어 놓으면 음식을 듬뿍 담아도 상관이 없습니다. 이 커피 테이블도 이와 같은 원리로 만들어졌습니다. 얇은 합판(Plywood)으로 만든 상판이지만 테두리를 만들어 놓았기 때문에 쉽게 구부러지거나 비틀지지 않습니다.

합판은 가볍고 튼튼하고 저렴하면서 나무의 아름다움을 지닌 재료입니다. 임스 부부는 2차 세계대전 중에 합판을 3차원으로 성형해* 다리를 다친 군인에게 쓸 부목 제작 기술을 개발했습니다. 그리고 전쟁이 끝나자 바로 그 기술을 이용한 가구를 디자인하기 시작했습니다. 합판을 3차원으로 성형할 수 있게 된 덕분에 합판의 강도가 향상되고 가격 또한 저렴해져 신체에 맞는 가구가 널리 보급된 것입니다.

합판의 강도를 높인 3차원 성형

팔랑팔랑한 종이라도 3차원 성형을 하면 강도 높은 종이접시가 된다.

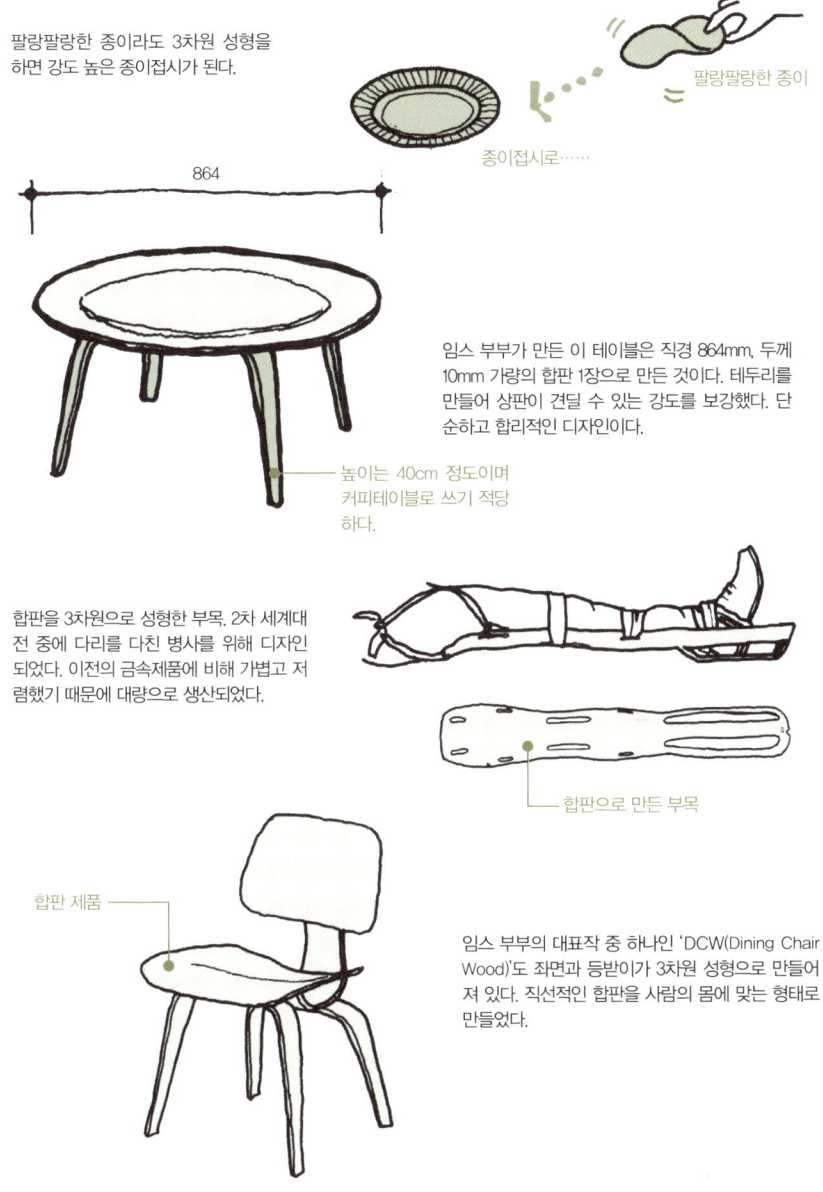

팔랑팔랑한 종이

종이접시로……

864

임스 부부가 만든 이 테이블은 직경 864mm, 두께 10mm 가량의 합판 1장으로 만든 것이다. 테두리를 만들어 상판이 견딜 수 있는 강도를 보강했다. 단순하고 합리적인 디자인이다.

높이는 40cm 정도이며 커피테이블로 쓰기 적당하다.

합판을 3차원으로 성형한 부목. 2차 세계대전 중에 다리를 다친 병사를 위해 디자인되었다. 이전의 금속제품에 비해 가볍고 저렴했기 때문에 대량으로 생산되었다.

합판으로 만든 부목

합판 제품

임스 부부의 대표작 중 하나인 'DCW(Dining Chair Wood)'도 좌면과 등받이가 3차원 성형으로 만들어져 있다. 직선적인 합판을 사람의 몸에 맞는 형태로 만들었다.

*3차원 성형 합판은 종이처럼 얇은 합판 사이에 접착제를 바르고 압축시키는 방법으로 제작된다.

거실

E.1027 하우스*의 거실 by 아일린 그레이

누워 뒹굴 수 있는 공간을 만들다

집 안에서 편하게 뒹굴며 지낼 수 있는 다목적용 방이 하나 정도 있기를 바라는 사람이 많지 않을까요. 거실 옆에 작더라도 방이 하나 있으면 쓸모가 많습니다. 소파에서는 할 수 없는, 마음 편히 뒹굴며 잘 수도 있고, 손님이 왔을 때 굳이 의자를 사람 수만큼 준비할 필요도 없습니다. 몇 사람이 오든 둥글게 둘러앉아 얘기를 나눌 수 있지요.

그런데 이런 방이 없을 때는 어떻게 하면 좋을까요? 그레이가 거실 한쪽에 배치한 사방 2m짜리 데이베드(Day Bed)는 혼자서 낮잠 자는 침대로는 지나치게 큽니다.** 소파와 같은 '가구'라기보다는 부드러운 '방바닥'과 같은 공간입니다. 작은 방처럼 손님이 오면 함께 앉아서 대화를 나누거나 마음 편히 뒹굴며 쉬기 위해 만든 것이 아닐까요.

세계 어느 나라 사람이든 내키는 대로 데굴데굴 구르면서 편히 쉴 수 있는 공간이 거실에 있으면 좋겠다고 생각할 겁니다. 무엇으로 만들든 마음 편히 휴식을 취할 수 있는 공간을 거실에 마련해보면 어떨까요.

거실 옆의 작은 방

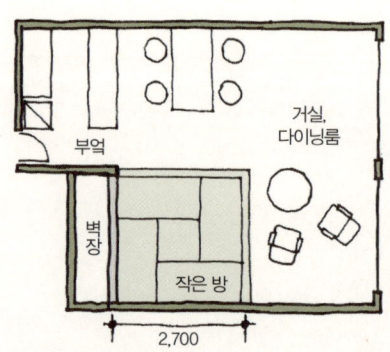

거실 옆에 작은 방이 있으면 누워서 쉴 수 있을 뿐만 아니라 다양하게 사용할 수 있다. 가령 육아실로 아이의 기저귀를 갈아주거나 낮잠을 자는 공간으로도 활용할 수 있다. 방바닥의 높이가 거실보다 조금 높은 편이 눈에 잘 들어온다. 또한 손님용 침실로도 사용할 수 있도록 칸막이벽을 준비해두는 편이 좋다.

칸막이벽을 치우면 작은 방과 거실, 다이닝룸이 한 공간이 된다.

의자처럼 사용할 수 있는 높이

모두가 마음 편히 쉴 수 있는 곳을 만든다

데이베드(사방 2m)

E.1027의 거실에 마련한 데이베드 옆에는 사이드테이블이 놓여 있으며, 여러 사람이 편히 쉬면서 차나 술을 마실 수 있다.

넓은 데이베드는 부드러운 방바닥

그레이가 설계한 별장 E.1027에는 넓은 거실의 한켠에 사방 2m의 데이베드가 놓여 있다. 혼자 누워서 쉬기 위한 것이라기보다 소파 대신에 여러 명이 앉거나 누워 쉬기 위한 곳이 아닐까.

샤워실
데이베드
사이드테이블
테라스
거실
홀
현관

데이베드에서 창밖의 해변을 바라볼 수 있다.

* E.1027 하우스는 아일린 그레이의 전성기를 대표하는 작품. 르 코르뷔지에가 몹시 탐냈을 만큼 건축가들로부터 아낌없는 찬사를 받았다.—옮긴이
** 원래 '데이베드'는 낮잠을 자기 위한 소파침대다. 데이베드를 배치할 때는 낮잠을 잘 때 필요한 담요 등을 수납하는 곳도 생각해 두어야 한다. 가령 벽장과 같은 곳.

거실

데이베드 by 릴리 라이히

다리가 달려 유용한 방석, 데이베드

데이베드는 앞을 보고 앉을 수도, 옆으로 누울 수도 있다.

방석은 들고 다닐 수가 있으며 어느 방향으로든 사용할 수 있기에 편리합니다. 주로 지금은 소파나 의자에 앉아서 생활하게 되었지만, 앉는 곳을 자유롭게 선택할 수 있는 유연한 가구가 없을까요?

데이베드는 누워서 잘 수 있는 소파와 같은 가구입니다. 매트리스가 있어 거실에 놓는 침대라고 할 수 있겠죠. 모더니즘의 디자이너들이 즐겨 디자인한 가구였습니다. 독일의 모더니즘 건축가 릴리 라이히(124쪽 참조)가 디자인한 데이베드는 그런 전형적인 가구입니다. 소파와 달리 등받이나 팔걸이가 없는 평평한 모양으로 방 한가운데 두고 방석처럼 여러 방향으로 사용할 수 있으며, 벽에 붙여놓고 쓸 수도 있습니다. 데이베드에는 다리가 달려 있기 때문에 방석보다 옮기기가 번거롭지만, 반대로 그 높이를 이용해서 느슨한 칸막이처럼 사용할 수 있습니다.

벽으로 분리되어 있지 않은 넓은 공간에 다양하게 배치할 수 있는 데이베드는 현대 생활에 활용하면 유용하게 쓸 수 있습니다.

자유롭게 배치할 수 있는 유연한 가구

데이베드는 방석과 비슷한 소파

라이히가 디자인한 데이베드. 고무밴드로 엮은 나무로 된 뼈대에 가죽 쿠션을 올려놓았다. 크롬파이프로 만든 다리를 뼈대에 나사로 연결한 단순한 디자인.

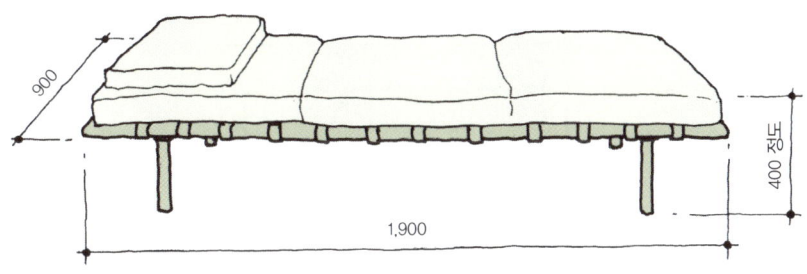

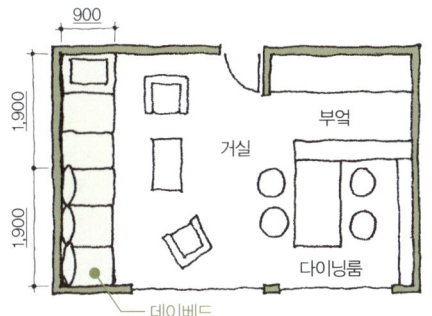

자유롭게 데이베드를 배치한다

거실 벽 쪽에 두 개를 나란히 놓으면 손님이 왔을 때는 소파 대신으로 쓸 수 있으며, 평소에는 낮잠을 잘 때 이용할 수 있다. 보기에도 깔끔하다.

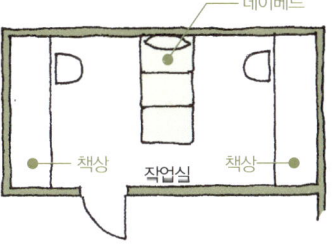

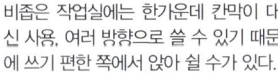

비좁은 작업실에는 한가운데 칸막이 대신 사용, 여러 방향으로 쓸 수 있기 때문에 쓰기 편한 쪽에서 앉아 쉴 수가 있다.

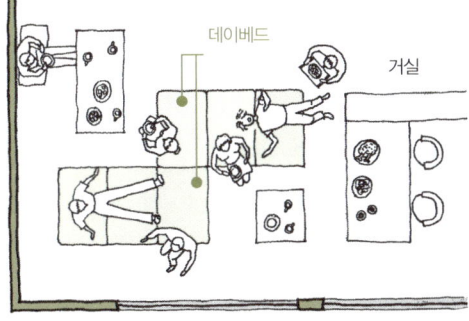

손님들이 왔을 때 거실 한가운데로 옮기면 모두 앉아서 쉴 수 있다. 다양한 자세로 꽤 많은 사람이 앉을 수 있다.

거실

월넛 스툴 by 찰스, 레이 임스 부부

소파 주위에는 자유롭게 쓸 수 있는 테이블을

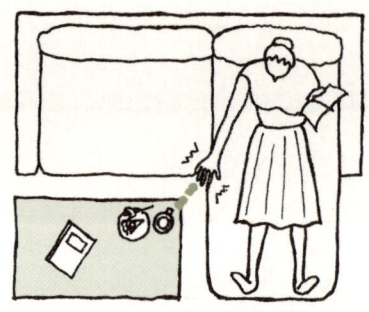

편히 누워서 쉴 때 커피테이블은 좀 멀다

커피테이블은 책이나 꽃병을 올려놓는 가구입니다. 소파에 앉아 있을 때라면 몰라도 자유롭게 옮겨다니면서 쓰기에는 불편합니다. 그래서 작고 간단하게 옮길 수 있으며 좁은 공간에도 배치할 수 있는 사이드테이블이 필요합니다.

사이드테이블은 보조 가구로, 사용하지 않을 때는 겹쳐서 보관할 수 있는 공간절약형으로 만들어진 것도 있습니다. 임스 부부가 만든 사이드테이블은 다목적으로 사용할 수 있는 것이 특징입니다. 물건을 올려둘 수도 있으며, 튼튼해서 높은 곳에 있는 물건을 내릴 때 디딤대로 사용할 수도 있습니다. 또한 레이 임스가 이 사이드테이블에 종종 앉았기 때문에 '스툴'이라고 불리게 되었다고 합니다.

깨끗한 호두나무(Walnut)로 만들어진 이 스툴은 체스의 말을 올려놓는 대처럼 생겼습니다. 스툴 위에 올려놓은 물건이나 앉은 사람이 체스의 말처럼 보이는 재미있는 디자인입니다. 다용도로 쓸 수 있는 이 사이드테이블은 한 집에 한 개 정도 있으면 좋지 않을까요.

물건을 놓거나 앉는 등 다양한 용도로

다용도로 쓸 수 있는 부지런한 일꾼

임스 부부가 디자인한 체스의 말과 같은 '월넛 스툴(Walnut Stool)'. 조금씩 다른 모양이며 세 종류가 있다. 다용도로 쓸 수 있는 사이드테이블 중에는 사용하지 않을 때는 겹쳐서 보관할 수 있는 것도 있다. …▶ 134쪽(E.1027 테이블)

스툴이란 이름이 붙은 사이드 테이블. 세 종류가 있다.

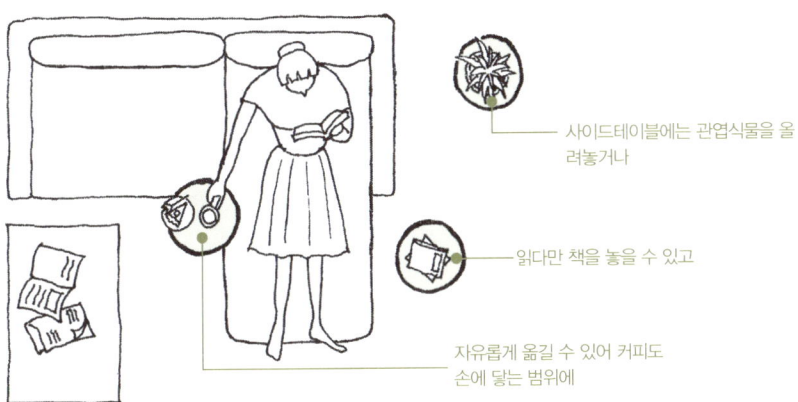

사이드테이블에는 관엽식물을 올려놓거나

읽다만 책을 놓을 수 있고

자유롭게 옮길 수 있어 커피도 손에 닿는 범위에

물론 앉을 수도

테이블에 앉으려고 하면, 앉으면 안 된다는 말을 듣게 마련이다. 그런데 이 가구는 테이블일까, 의자일까? 레이 임스는 원래 사이드테이블인 이 가구를 임스 주택의 이곳저곳에 놓고 의자로 사용했다고 한다.

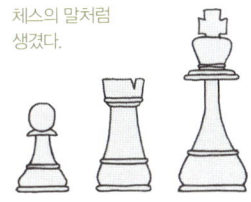

체스의 말처럼 생겼다.

*이 밖에 다용도로 쓸 수 있는 가구로는 네스트테이블이 있다. 네스트테이블이란 같은 모양이지만 다른 크기로 만들어 서너 개를 짝지어 놓은 테이블을 말하며, 사용하지 않을 때는 겹쳐서 수납할 수 있다. 필요에 따라 꺼내서 사이드테이블로 사용할 수 있다.

거실

라운지 체어 by 아이노 알토

서로 다른 문화에서 유래된
가구와 공간과의 조화

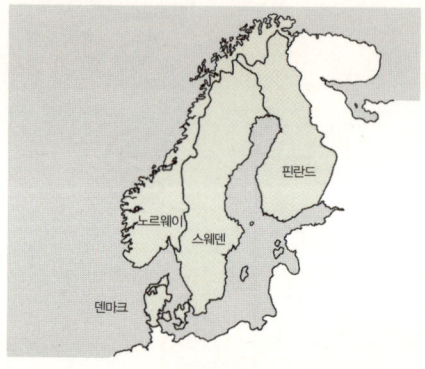

민족, 국토, 기후가 전혀 다른데 왠지 모르게 일본의 전통적인 공간에 어울리는 북유럽의 모던가구. 알토 부부도 일본 문화에 큰 관심을 갖고 있었으며 영향을 받았다.

　북유럽의 모던한 가구를 좋아하는 사람들이 많습니다.
　나무 본래의 느낌을 살리고, 장식적이지 않고 선적이며 단순한 디자인이 많고, 자연을 모티브로 삼고 있는 점* 때문인 것으로 보입니다. 아이노 알토가 디자인한 의자나 직물에도 이런 특징이 두드러지게 보입니다. 이런 미의식은 일본 주택에서도 발견할 수 있는데, 그래서 그런지 기후도 풍토도 심지어 체격도 전혀 다른 나라이지만 알토 부부는 일본 문화에 조예가 깊었으며, 전통적인 일본 건축에서 배운 점이 많은 모양입니다.
　이렇듯 인테리어는 하나의 스타일로 통일시키는 것이 정석이지만, 서로 다른 문화에서 유래된 가구를 배치시켜 조화롭게 꾸미면 딱딱한 느낌이 사라지고, 사는 사람의 개성이 반영된 공간이 됩니다. 우선은 의자와 식탁보부터 다른 문화와 접목시켜 살아보지 않으시겠습니까?

북유럽 가구와 전통적 공간의 융합

북유럽의 모던가구와 전통적인 공간을 융화시키는 힌트

- 북유럽 가구에 전통적인 문양의 가죽을 씌워본다.
- 앉은뱅이 책상에 북유럽 디자인의 직물로 만든 플레이스매트를 깐다.
- 북유럽의 직물을 이용해서 가게 상호를 만들어서 매단다.
- 북유럽 디자인의 식기 세트에 옻칠한 식기를 조합시킨다.

자연을 모티브로 삼아 만든 직물은 왠지 전통적인 느낌을 준다.

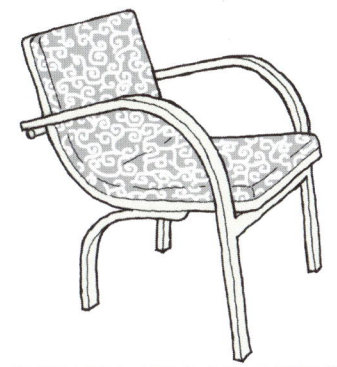

전통적인 일본 문양의 가죽을 댄 아이노의 라운지 체어. 원목으로 다리를 만들어서 자연스럽게 조화를 이루고 있다.

전통적인 공간에 의자를 놓아도 조화롭다.

* 북유럽 모던 디자인의 대표적인 디자이너에는 알토 부부 외 아르네 야콥센(덴마크), 한스 웨그너(덴마크) 등이 있다.

거실

플로어스탠드 by 아일린 그레이

플로어스탠드를 간접조명으로

플로어스탠드는 꼭 몸 주위를 비출 때만 쓰는 것이 아니다. 이 스탠드는 그레이가 1930년대에 디자인한 것이다.

    대부분의 주택은 천장에 조명기구가 달려 있습니다. 하지만 유럽에서는 플로어스탠드나 테이블등을 즐겨 쓰기 때문에 천장에 아무것도 달려 있지 않은 경우도 있습니다. 천장의 전등으로 집 안 전체를 밝게 하고, 다른 방향에서 플로어스탠드로 빛을 비추면 빛의 농담이 자아내는 그윽하고 안정된 분위기를 연출할 수 있습니다.

    몸 주변을 밝히는 조명으로 잘 알려진 플로어스탠드를 천장을 향해 비추면 간접조명이 됩니다. 특히 천장이 높은 방에서는 빛이 넓게 퍼지기 때문에 효과적입니다. 조명도는 낮기 때문에 책을 읽을 때는 다른 조명과 병용하기를 권합니다.

    그리고 모든 방향으로 빛을 확산시키는 플로어스탠드를 사용하면, 천장도 바닥도 동시에 비출 수 있으며, 낮은 위치에서 빛이 퍼져나가기 때문에 방이 안정되어 보입니다.* 이동식 전등의 이점을 살려서 다양한 위치와 방향의 빛을 시도해 봅시다.

거실의 분위기를 바꾸어주는 플로어스탠드

플로어스탠드로 천장을 비춘다

넓은 거실에는 플로어스탠드를 이용해서 간접적으로 천장을 비추면 한결 넓어 보인다. 천장이 밝은 색이면 한층 효과적.

이동이 가능하고 추가로 설치할 수 있는 플로어스탠드는 활용하기 쉬운 조명

그레이가 디자인한 다양한 플로어스탠드

튜브 라이트

크롬으로 만들어진 기둥에 장착되어 노란빛이 감도는 젖빛 튜브로 빛을 내는 전반 확산형 조명. 1930년대 디자인이라고는 여겨지지 않는 현대적인 디자인.

플로어스탠드는 조명을 조절해서 사용한다. 백열전구의 경우 조광리모컨 스위치를 권한다.

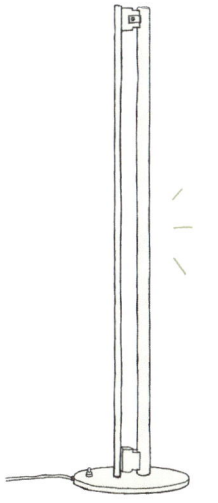

큐비스트가 디자인한 다리 달린 플로어스탠드

큐비즘의 영향을 받은 다리가 특징적인 스탠드. 천장 또는 벽을 비추는 간접조명으로 이용된다.

* 전등갓이 달려 있지 않은 확산형 플로어스탠드는 둥근 형태 등 키가 작은 것이 많다. 소형 스탠드는 어두운 곳에 두고 사용하면 간접조명의 효과도 누릴 수 있다.

빌라 마이레아의 거실 by 아이노 알토

식물을 인테리어와 조화를 이루게 하는 방법

거실

실내에 식물이 있으면 마음에 여유가 생기지만, 크기가 다양한 여러 가지 식물을 인테리어와 조화를 이루도록 장식하는 것은 쉽지 않은 일입니다. 인테리어와 식물을 어우러지게 하는 포인트는 화분을 통일시키는 것입니다. 같은 화분에 옮겨 심을 수 없는 경우에는 긴 플랜트박스를 사용하면 통일된 느낌을 줄 수 있고, 다양한 종류의 식물을 키울 때는 높이를 맞추는 것이 좋습니다. 빌라 마이레아의 거실에는 원목 받침대에 하얀 플랜트박스를 올려 놓고 창가에 L자형으로 나열해 놓았습니다. 전체 길이가 5m 이상의 힘이 넘치는 배치인데다가 높이 400mm가량의 받침대에 올려져 있기 때문에 앉아 있는 사람은 자연 속에 있는 듯한 느낌을 가질 수 있습니다. 다양한 식물과 여러 가지 색깔의 꽃이 심어져 있는데, 플랜트박스의 높이가 일정하기 때문에 전체적으로 조화를 이루고 있습니다.

식물을 조화롭게 배치시키기가 어렵다고 생각하기 쉽지만 이와 같이 단순하게 시선 가까이에 놓아보면 어떨까요?*

빌라 마이레아의 거실

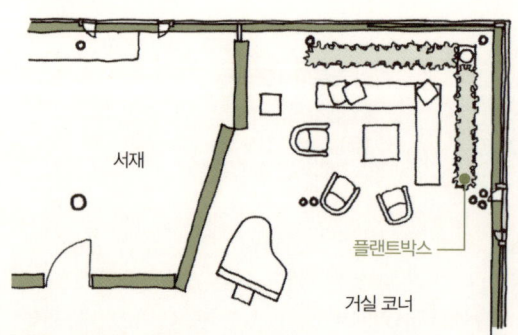

빌라 마이레아는 연상면적이 1,400㎡ 이상인 호화저택. 거대한 거실은 가구 등 실내장식에 의해 성격이 다른 여러 공간으로 나뉘어져 있다. 이 거실은 그 중의 한 공간이며, 인테리어의 요소로 식물을 적극적으로 배치했다.

빌라 마이레아의 거실의 한 부분(S=1:150)

식물을 조화롭게 배치하는 포인트

같은 화분과 같은 높이로 통일된 느낌을

플랜트박스는 낮은 의자에 앉았을 때 식물을 볼 수 있는 눈높이에 배치되어 있다. 창 밖이 황량한 겨울이라도 실내에 화분이 있기 때문에 자연에 둘러싸여 지낼 수 있다.

실내꽃의 여왕인 세인트폴리아를 심어보면

원목 받침대에 놓여 있는 하얀색의 플랜트박스

창문은 가볍게 덩굴식물로 장식한다

창문에는 잎이 큰 덩굴식물을 타고 올라가게 해서, 플랜트박스 식물과 대조적인 곡선으로 경쾌한 느낌을 주고 있다.

* 식물을 실내에서 기르기 위해서는 우선 식물을 둘 위치를 정하고, 들어오는 햇빛의 양을 확인하고 적합한 품종으로 선택해야 한다. 일조 조건이 좋은 창가는 알토와 같이 꽃을 심을 수가 있다. 식물에 따라 물을 주는 빈도가 다르며, 잎에도 물을 뿌려주면 좋은 식물도 있기 때문에 구입할 때 확인을 하자.

거실

아크 1600의 마루 by 샤를롯 페리앙

아파트에도 툇마루가 있으면 좋다

툇마루는 집 안과 밖의 분위기를 동시에 느낄 수 있는 중간영역이다.

    툇마루는 집 안과 밖의 분위기를 동시에 느낄 수 있는 중간영역입니다. 하지만 요즘에는 햇볕을 쬐거나 낮잠을 잘 수 있는 툇마루가 있는 집을 보기 힘듭니다.
    아파트에 툇마루와 같은 공간이 필요할 때는 어떻게 하면 좋을까요? 페리앙은 발코니 창을 끼고 실내와 발코니에 나무로 만든 긴 의자와 평상을 배치해서 안과 밖을 연결했습니다. 의자의 폭은 900mm, 높이는 350mm가량 됩니다. 발코니에는 의자와 높이를 맞춘 평상을 설치했습니다. 창문을 열면 실내 의자와 발코니를 연결하는 중간영역이 있는 셈이죠.
    일반적인 툇마루와는 달리 이 중간영역과 실내 바닥은 높이가 다르지만, 의자의 높이에 맞춘 낮은 스툴과 테이블을 배치하여 의자가 고립되지 않고 방 전체와 조화를 이루도록 했습니다. 그리고 긴 의자가 창문의 안과 밖이 연속적으로 이어져 있는 느낌을 주기 때문에 방 전체도 넓게 느껴집니다. 전통적인 중간영역을 다시 한 번 되돌아보게 만드는 구조입니다.

낮고 평평한 공간이 방을 더 넓어 보이게 해준다

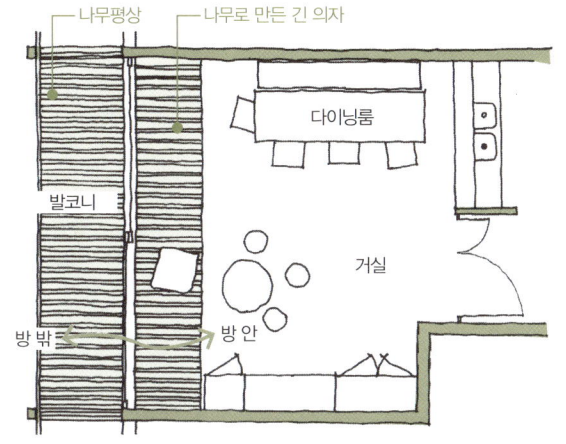

아크 1600의 평면도

창가에 배치한 긴 의자와 발코니에 설치한 같은 높이의 평상이 방 안과 밖을 연결시켜준다. 아크 1600은 스키 리조트 아파트이기 때문에 발코니 창을 여는 경우가 거의 없지만, 방과 하얀 설경이 이어지는 듯한 느낌을 준다.

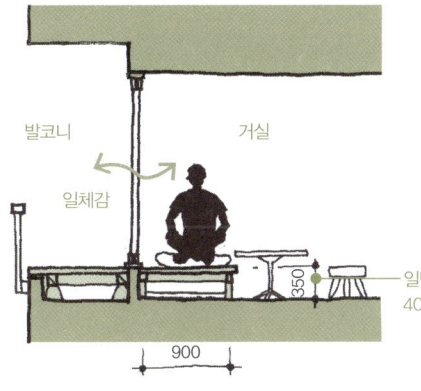

창가에 긴 의자를

바깥 풍경을 즐길 수 있는 창가에 다리를 뻗고 쉴 수 있는 곳. 폭이 900mm이면 충분히 누울 수 있다. 의자의 높이가 350mm로 낮기 때문에 실제보다 천장이 높게 느껴진다.

키 낮은 가구를 배치하여 한층 넓은 느낌을

긴 의자의 높이에 맞춰서 제작된 스툴과 테이블 덕분에 중간 영역을 만들어놓은 효과를 의자에서뿐만 아니라 방 전체에서 느낄 수 있다.

거실

어빙 데스크 by 매리언 마호니 그리핀

1인 2역을 겸하는 가구

그리스 신화에 나오는 반인반수 괴물 켄타우로스는 사람과 말의 뛰어난 점을 조합시켜 태어난 최강의 종족입니다. 이와 같은 발상으로 한층 아름답고 편리한 가구가 만들어졌습니다. 한 예로 라이트가 디자인한, 팔걸이와 등받이가 사이드테이블 역할을 하는 긴 의자가 있습니다. 라이트의 최측근에서 뛰어난 능력을 보인 매리언 그리핀이 디자인한 책상은 한결 더 독특한 조합을 이루어냅니다. 데이베드와 책상을 하나로 합친 것입니다. 이 가구가 탄생한 경위는 물론 잘 모르지만, 책상에 앉아 있는 사람이 데이베드에 누워 있는 사람에게 책을 읽어주기 위해서, 아니면 데이베드에 누워 있는 사람이 구술하고 책상에 앉아 있는 사람이 받아적기 위해서라고 추측하고 있습니다.

용도가 어찌 되었든 보통 벽에 붙여놓는 경우가 많은 데이베드와 책상이 하나가 되어 당당하게 방 한가운데를 차지하고 있습니다. 이질적인 가구를 조합시킨 이러한 디자인은 아직 보지 못한 독특한 가구를 만들어낼 수 있습니다.

두 종류를 조합시킨 가구

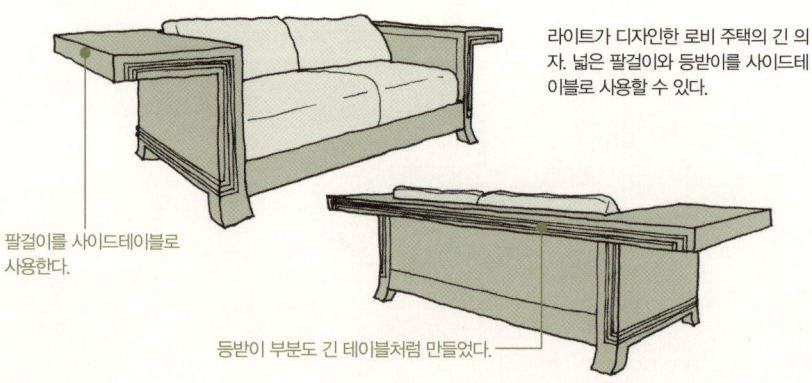

라이트가 디자인한 로비 주택의 긴 의자. 넓은 팔걸이와 등받이를 사이드테이블로 사용할 수 있다.

팔걸이를 사이드테이블로 사용한다.

등받이 부분도 긴 테이블처럼 만들었다.

성질이 전혀 다른 가구를 결합시킨다

데이베드 + 책상

그리핀의 어빙 데스크(Irving Desk). 데이베드와 책상을 하나로 합치자 독특한 가구가 완성되었다.

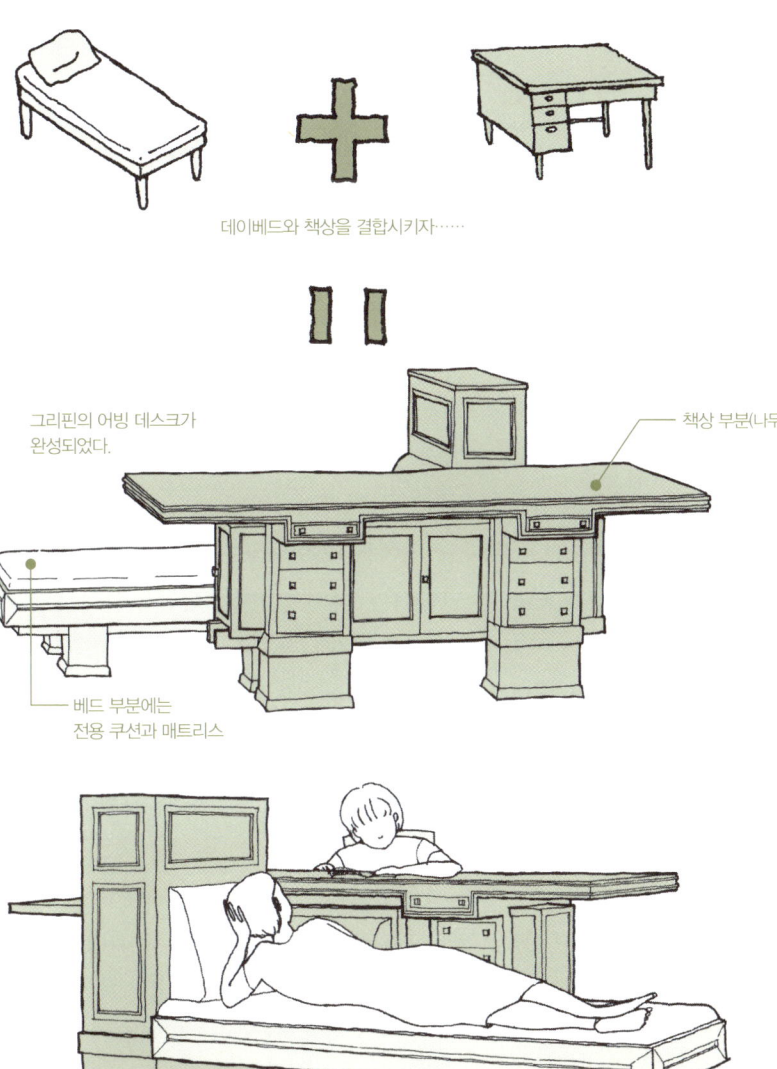

데이베드와 책상을 결합시키자……

그리핀의 어빙 데스크가 완성되었다.

책상 부분(나무)

베드 부분에는 전용 쿠션과 매트리스

이와 같이 사용되었을지도?

사보이 베이스 by 알바, 아이노 알토 부부

테이블을 장식하는 유리꽃

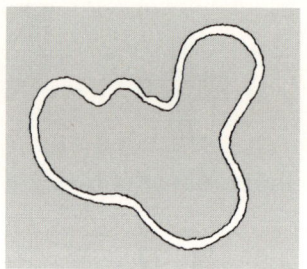

사보이 베이스의 곡선. '파도'(핀란드어로 '알토'의 형태인가 생각했지만, 에스키모 여성의 가죽 바지에서 영감을 얻었다고 한다.

집에 항상 꽃을 꽂아두고 싶어도 깜박하기 일쑤입니다. 그렇다면 유리 꽃병으로 집을 꾸며보면 어떨까요. 위에서 내려다 보았을 때 독특한 모양을 띤 사보이 베이스(Savoy Vase)를 권합니다. 마치 네 장의 꽃잎을 포개놓은 듯한 유리그릇도 있는데, '알토의 꽃'이라고 부릅니다. 둘 다 파도처럼 우아한 곡선이 유리를 돋보이게 해주는 디자인입니다.

유리그릇은 모양이 아름다울 뿐만 아니라 다양하게 사용할 수 있다는 점이 매력적입니다. 꽃뿐만 아니라 과일도 담아둘 수 있으며, 연필꽂이로도 사용하는 등 여러 가지 용도로 쓸 수 있습니다. 물이나 잉크를 풀어 색을 낸 물을 담으면 한층 아름답게 보이고, 어항으로 써도 보기가 좋습니다.

사보이 베이스는 1937년 파리 세계박람회에서 선보인 유리병 콜렉션 가운데 가장 많은 주목을 받은 작품입니다. 그 뒤 계속 생산되었는데 알토 부부가 받은 저작권 사용료는 쥐꼬리만큼 적은 액수였다고 합니다. 하지만 이 꽃병은 부담 없는 아름다움으로 알토 작품 가운데 가장 유명한 작품 중 하나가 되었습니다.

인테리어도 되는 꽃병

작은 꽃병은 색연필을 꽂아두어도 예쁘다.

사보이 베이스

다양한 높이와 색깔이 있는 사보이 베이스는 용도에 따라 구별해서 쓰자.

바닥이 깊은 사보이 베이스는 금붕어를 넣어 두면 예쁜 어항이 된다.

바닥이 얕은 사보이 베이스는 식기로도 쓸 수 있다. 다양한 색깔의 젤리를 넣어 파티에 내놓으면 세련돼 보인다.

알토의 꽃

부드러운 곡선으로 이루어진 4개의 유리그릇을 포개 놓으면 화려하게 빛을 반사하며 제각각 식기로도 사용할 수 있다. 지금은 스테인리스로 만들어진 제품도 생산되고 있으며, 커피테이블에 놓아두고 작은 생활용품이나 리모컨 등을 넣어 둘 수도 있다.

유리 색깔은 투명하다. 크기는 맨 아래 그릇이 최대 직경 50cm 정도.

신문, 잡지용 선반 외 by 아이노 알토
일광욕 전용 자리 by 아일린 그레이

자연스럽게 사용하는 법을 알 수 있다

주변에서 자주 쓰는 물건은 아름다운 모양도 중요하지만, 일일이 설명을 듣지 않아도 쓸 수 있으면 더할 나위 없이 좋습니다. 그런 디자인의 포인트는 무엇일까요?

우선 형태입니다. 93쪽의 레버 핸들은 손의 모양을 보고 거기에 맞춰서 크기와 형태를 생각해서 만든 것입니다. 처음 사용하는 사람이라도 오른손으로 잡고 누르는 동작을 직감적으로 알 수 있습니다. 신체의 크기나 동작을 생각해서 만든 물건의 형태가 자연스럽게 필요한 동작을 이끌어내는 좋은 예입니다. 재질도 중요합니다. 레버 핸들의 손잡이는 내구성이 있는 금속으로 만들어졌지만, 손으로 잡는 부분에는 가죽 끈을 감아두었습니다. 가죽의 감촉이 부드러워 자연스레 손잡이를 만져보고 싶어지기 때문입니다.

이 밖에 아래 그림의 신문, 잡지 수납장처럼 문화나 습관을 고려해서 만드는 방법도 포인트 중 하나입니다. 굳이 설명을 해주지 않아도 사용법을 알 수 있는 디자인을 떠올리기 위해서는 무엇보다도 먼저 일상의 사소한 동작을 살펴볼 필요가 있습니다.

무엇을 넣는 것인지 알 수 있는 선반
아이노 알토가 디자인한 신문, 잡지용 선반. 선반의 형태가 어디에 무엇을 넣는 것인지를 알 수 있게 해준다.

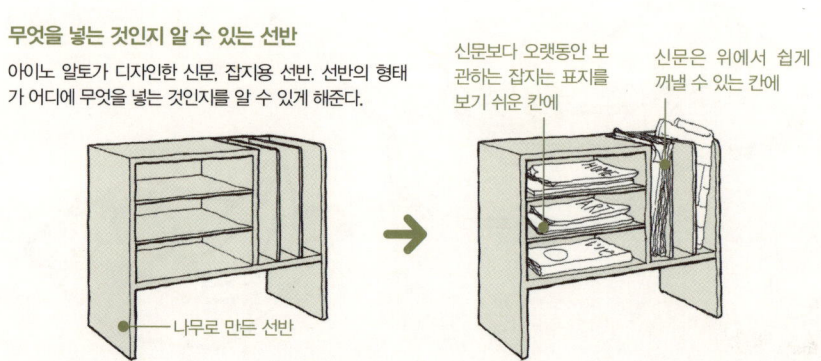

신문보다 오랫동안 보관하는 잡지는 표지를 보기 쉬운 칸에

신문은 위에서 쉽게 꺼낼 수 있는 칸에

나무로 만든 선반

자연스럽게 필요한 동작을 이끌어내는 디자인

쥐고 싶어지는 손잡이

알토 부부가 디자인한 레버 핸들. 손으로 잡으면 자연스럽게 밑으로 누르고 싶어지게 만들었다. 내구성이 강한 금속으로 만들었지만 가죽 끈으로 감아서 손으로 잡는 부분을 알 수 있게 해준다.

가죽 끈으로 감아놓은 핸들은 손으로 잡으면 느낌이 좋다.

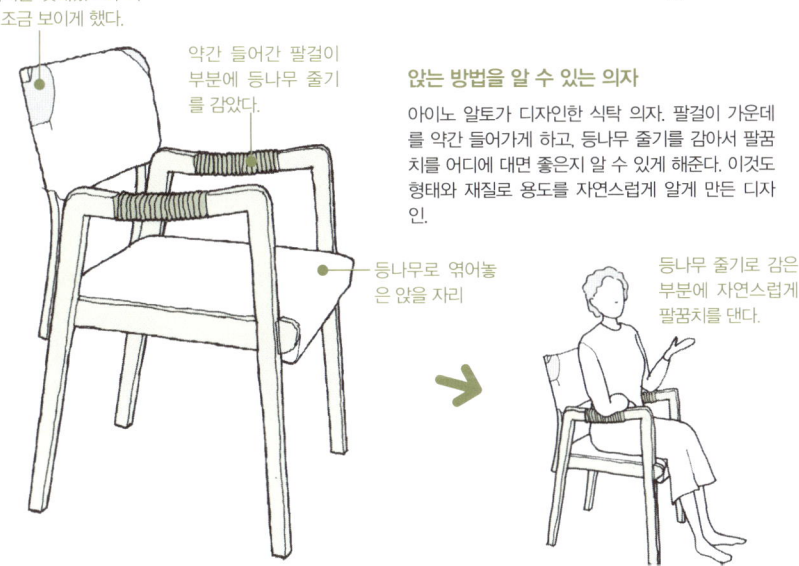

모서리는 쉽게 닳지 않도록 가죽을 덧대었으며 나무도 조금 보이게 했다.

약간 들어간 팔걸이 부분에 등나무 줄기를 감았다.

앉는 방법을 알 수 있는 의자

아이노 알토가 디자인한 식탁 의자. 팔걸이 가운데를 약간 들어가게 하고, 등나무 줄기를 감아서 팔꿈치를 어디에 대면 좋은지 알 수 있게 해준다. 이것도 형태와 재질로 용도를 자연스럽게 알게 만든 디자인.

등나무로 엮어놓은 앉을 자리

등나무 줄기로 감은 부분에 자연스럽게 팔꿈치를 댄다.

붙박이 사이드테이블

드러눕기 편한 일광욕 전용 자리

그레이가 디자인한 실외에 만든 일광욕 전용 자리. 사람의 신체에 맞는 모양으로 파서 어디에 누워야 할지 알 수 있다.

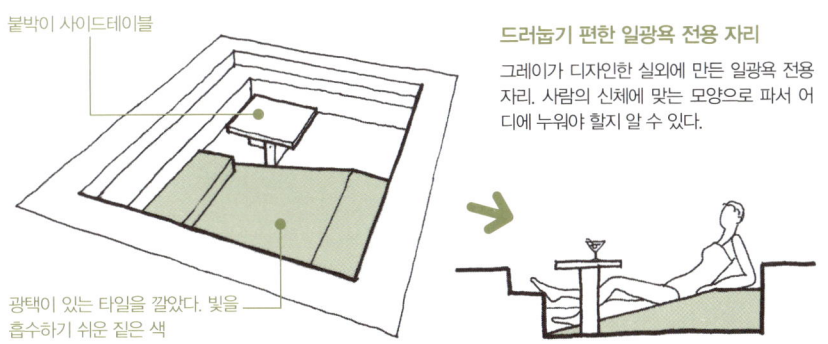

광택이 있는 타일을 깔았다. 빛을 흡수하기 쉬운 짙은 색

거실

실링라이트 by 마리안느 브란트

밝다고 다 좋은 것은 아니다

일반적인 형광등 실링라이트. 방을 균일하게 밝혀주기 때문에 분위기 없고 밋밋한 방이 되고 만다.

보통 실링라이트는 환형형광등을 가리킵니다. 형광등 하나로 방 전체를 밝게 해주지만, 빛의 농담이 없이 밋밋한 공간을 만들어내기 때문에 조명 디자이너들에게 평판이 안 좋습니다.

원래 실링라이트란 형광등뿐만 아니라 천장에 다는 모든 조명을 가리킵니다. 천장부터 바닥까지 밝게 할 수 있으며 다양한 방에서 활약하는 편리한 조명기구죠. 천장에 설치하는 글로브형 조명기구는 바우하우스의 꽃이라 불리는 마리안느 브란트가 디자인했는데, 단순하게 생겼지만 방에도 복도에도 잘 어울립니다. 따뜻한 빛의 전구형 램프를 사용하면 분위기 있는 빛을 연출할 수 있습니다.

일반적으로 어떤 방에 달든 상관없는 실링라이트이지만 침실에는 주의가 필요합니다. 침대에 누웠을 때 빛이 직접 눈에 들어오게 되면 눈이 부셔서 숙면을 취할 수가 없으니 간접조명을 활용하는 등 안정된 분위기를 만드는 것이 좋습니다.*

실링라이트 설치 포인트

실링라이트라도 멋있게

브란트가 디자인한 실링라이트. 오리지널은 유백색의 유리와 알루미늄으로 만들어졌다. 글로브의 크기는 직경 400mm 정도이며, 3개의 지주를 길게 해서 펜던트라이트로 만든 등도 있다. 어떤 방이든지 사용할 수 있는 단순한 디자인.

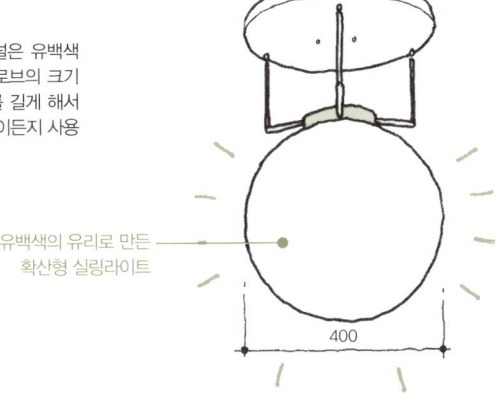

유백색의 유리로 만든 확산형 실링라이트

침실 조명에는 주의가 필요하다

침실에서는 기본적으로 직접적인 빛은 삼가야 한다. 벽장을 비추는 스포트라이트나 침대등, 간접조명 등을 권한다. 평소에 방을 밝게 하기 위해 실링라이트를 설치할 때는 빛을 조절할 수 있는 등을 선택한다.

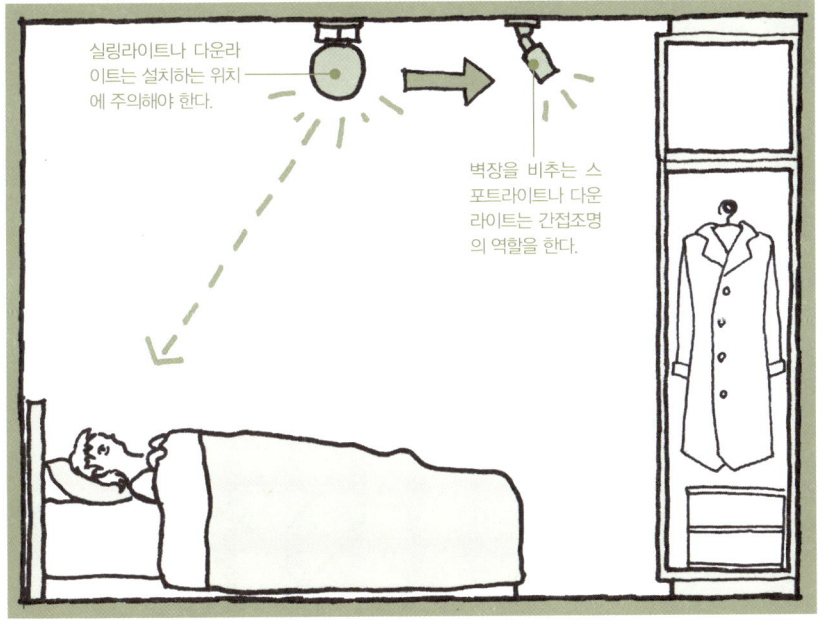

실링라이트나 다운라이트는 설치하는 위치에 주의해야 한다.

벽장을 비추는 스포트라이트나 다운라이트는 간접조명의 역할을 한다.

* 자다가 일어나 화장실에 갈 때 방 전체를 밝게 하면, 눈이 부실 뿐만 아니라 둘이서 침실을 사용할 때는 상대방이 잠에서 깰 수도 있다. 침대에 누웠을 때 눈에 직접 광원이 들어오지 않는 발밑에 등을 준비해두는 편이 좋다.

파리의 아파트 by 샤를롯 페리앙

거실, 일상의 흔적이 없어야 오래 머물고 싶다

거실

거실은 집 안에서 가장 뚜렷한 용도가 없는 곳인데도 불구하고 제일 좋은 위치를 차지하는 이상한 공간입니다. 하지만 거실이 없다면 그 집은 단지 잠자는 곳에 지나지 않습니다. 요즘 유행하는 셰어하우스의 매력이 거실을 공동으로 사용하는 점이란 사실을 생각해봐도 가족뿐만 아니라 친한 사람들이 모여서 휴식을 취하는 거실이 있어야 비로소 집다운 집이 될 수 있는 것입니다. 거실은 사는 사람이 편히 지낼 수 있으면 그만이겠지만 손님을 초대하는 자리이기도 하니 가구 배치에 주의를 기울일 필요가 있습니다. 힌트를 하나 주자면, 사람이 생활하는 곳이란 느낌이 적을수록 마음이 편해진다는 사실입니다. 그렇기 때문에 거실은 어느 정도 넓어야 합니다.

페리앙이 디자인한 파리의 아파트는 넓이가 60m²이지만, 침실이나 다이닝룸을 좁게 하고, 24m² 이상의 거실을 확보했습니다. 난로를 사이에 끼고 L자형으로 긴 의자를 소파 대신에 배치하고 공간을 넓게 사용했습니다.* 뽐내는 느낌이 없이 일상의 체취가 느껴지지 않는 오래 머물고 싶어지는 거실의 표본입니다.

기본적인 소파의 치수

거실의 가구는 소파가 기본. 기본적인 소파 세트의 크기는 오른쪽 그림과 같다. 최소한 3.3m²(1평) 가량의 공간을 차지한다. 꽤 큰 가구이다.

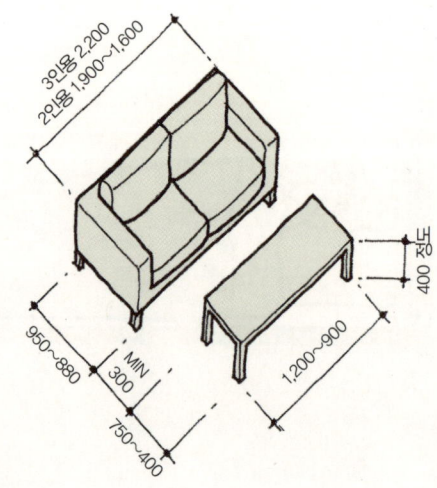

모두의 마음을 편하게 해주는 포인트

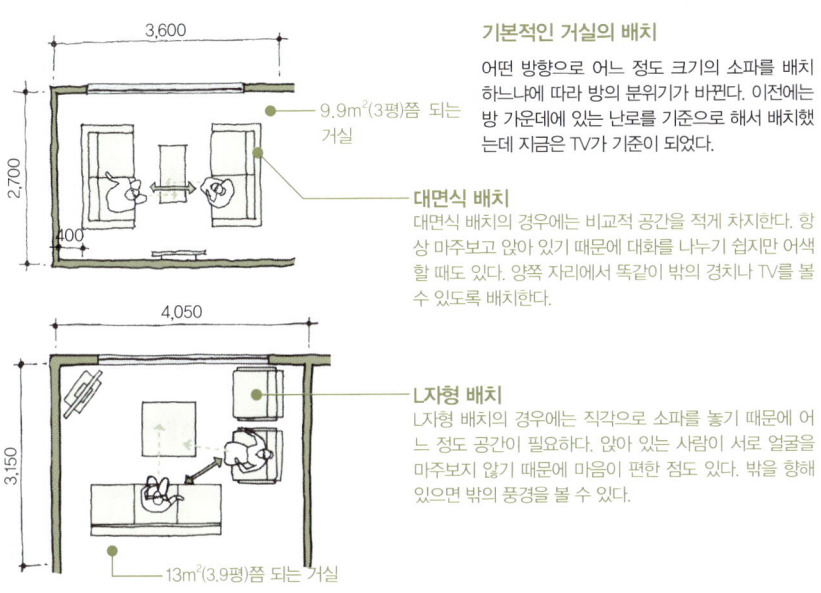

기본적인 거실의 배치
어떤 방향으로 어느 정도 크기의 소파를 배치하느냐에 따라 방의 분위기가 바뀐다. 이전에는 방 가운데에 있는 난로를 기준으로 해서 배치했는데 지금은 TV가 기준이 되었다.

대면식 배치
대면식 배치의 경우에는 비교적 공간을 적게 차지한다. 항상 마주보고 앉아 있기 때문에 대화를 나누기 쉽지만 어색할 때도 있다. 양쪽 자리에서 똑같이 밖의 경치나 TV를 볼 수 있도록 배치한다.

L자형 배치
L자형 배치의 경우에는 직각으로 소파를 놓기 때문에 어느 정도 공간이 필요하다. 앉아 있는 사람이 서로 얼굴을 마주보지 않기 때문에 마음이 편한 점도 있다. 밖을 향해 있으면 밖의 풍경을 볼 수 있다.

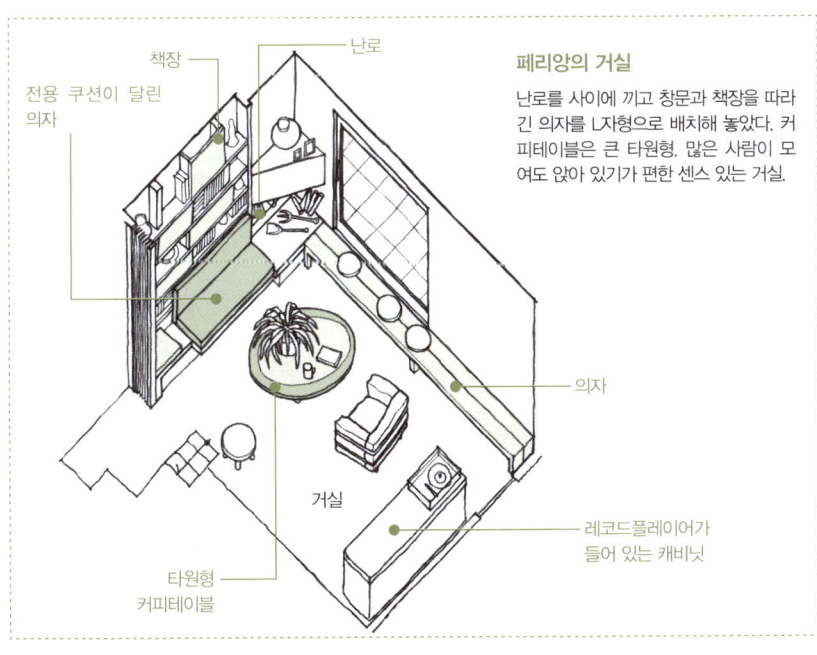

페리앙의 거실
난로를 사이에 끼고 창문과 책장을 따라 긴 의자를 L자형으로 배치해 놓았다. 커피테이블은 큰 타원형. 많은 사람이 모여도 앉아 있기가 편한 센스 있는 거실.

다나 하우스 by 프랭크 로이드 라이트, 매리언 마호니 그리핀
작은 집의 모델하우스 by 아이노 알토

매력적인 공간, 창가를 권한다

거실

집 안에서 창가는 상당히 매력적인 자리입니다. 특히 유럽에서는 두꺼운 벽에 난 창문으로 들어오는 빛을 받으며 휴식을 취하거나 명상에 잠겼기에 창가는 특별한 대접을 받았습니다. 창가를 한층 매력적인 공간으로 만드는 방법 중 하나는 앉아서 쉴 수 있는 '자리'를 창가에 마련하는 것입니다. 단지 의자를 놓아두자는 이야기가 아니라 애초에 창문이나 방의 일부분으로 설계를 할 필요가 있습니다. 다나 하우스는 그리핀이 라이트의 사무실에서 설계한 저택입니다. 넓은 다이닝룸의 안쪽 창가에 벽감*을 만들었습니다. 창문을 따라 붙박이의자를 배치하였으며 천장이 낮습니다. 천장이 없이 탁 트이게 만든 드넓은 다이닝룸과 대조적인 공간입니다. 아침식사를 하는 곳으로 만들었는데, 혼자 생각을 하거나 소수의 사람이 모여 담소를 나누기에 적합합니다.

이와 같이 창가에 매력적인 공간을 만들기 위해서는 가구를 따로 배치하는 것보다 애초부터 그 자리에 어울리는 붙박이가구를 설치하는 편이 좋습니다. 사치스럽게 만들 필요는 없습니다. 창가의 환경과 어우러지면서 자연스럽게 매력적인 공간이 만들어지기 때문입니다.

창가에는 화분을

창가에는 집 안의 공기를 유지하기 위해 난방기를 설치하는 경우가 있는데, 그대로 노출시키면 보기에 안 좋다. 창문 밑에 공기가 통하는 선반을 설치하고 관엽식물로 장식하면, 난방기구가 두드러지지 않는다. 그런 경우에 선반은 창문에 맞는 길이로 만든다. 오른쪽 그림은 아이노 알토의 디자인.

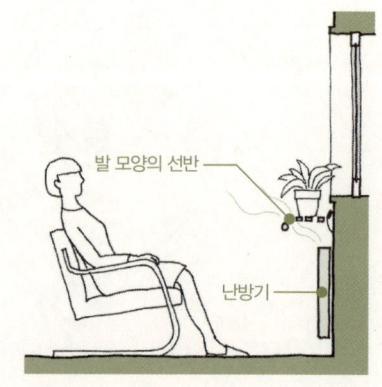

창가를 매력적으로 만드는 포인트

창가에 배치하는 의자는 창문은 물론 전체 방과의 조화를 생각한다

수잔 로렌스 다나 하우스의 도면. 호화저택이며 천장이 없어 시야가 탁 트이는 다이닝룸은 최대 40명의 손님을 초대할 수 있는 넓이. 안쪽 창가에 반원 모양의 벽감을 만들어 놓았다. 천장의 높이, 건물과 가구의 소재, 창문의 깊이 등 창가 주변의 모든 요소와 조화를 이루도록 꾸몄다.

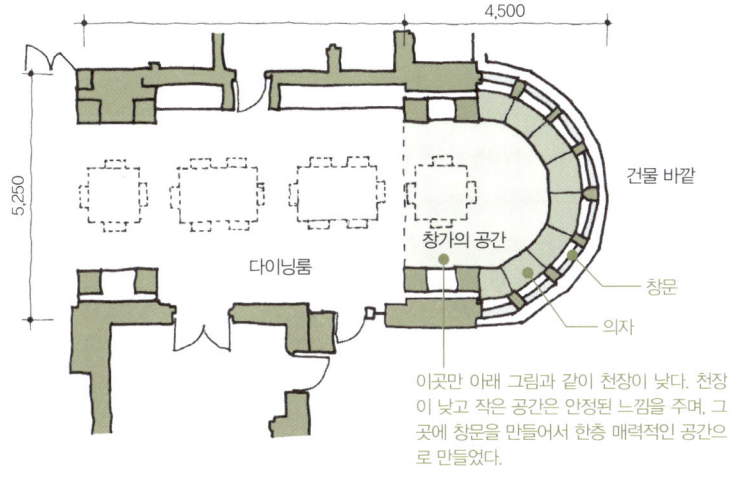

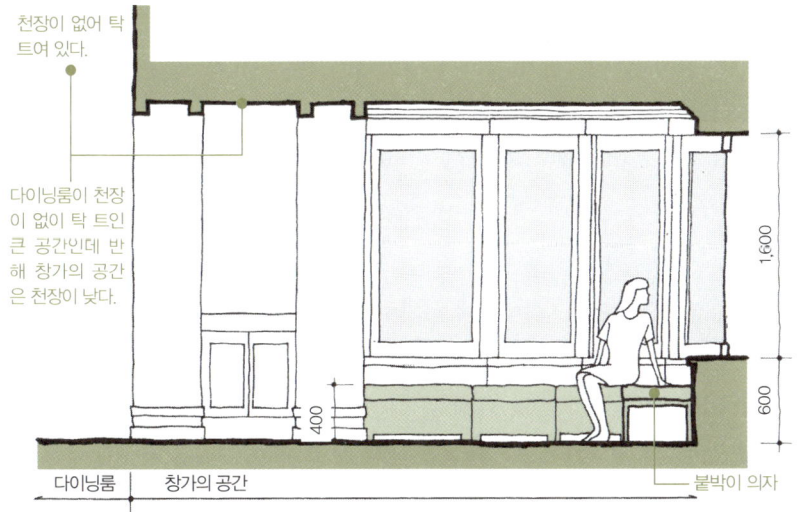

주: 사진을 통해 추측한 치수

*벽이나 기둥 등의 수직면에 만드는 요소(凹所)를 말한다. 대부분 조각이나 장식품 등을 진열하지만 이처럼 의자 형식으로 만들어지는 경우도 있다.—옮긴이

책상_트루스 슈뢰더, 헤릿 릿벌트

거실에 공부하는 책상을

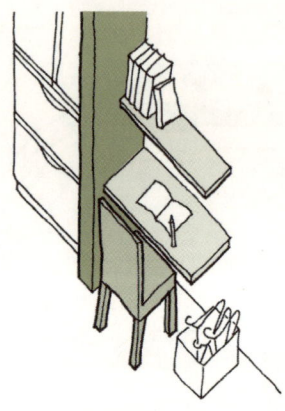

부엌 옆에 간단한 책상을 놓기도 하지만 너무 좁은 경우도…….

요즘 집에서 일하는 사람들이 점점 늘어나고 있습니다. 특히 주부는 집에서 일하면 틈틈이 가사를 할 수 있는 이점이 있습니다. 단, 문제는 일할 수 있는 공간을 확보하기가 쉽지 않다는 점입니다. 일도 하고 가사도 하려면 서재는 불편합니다. 역시 거실이나 부엌에 일하는 자리가 있어야 합니다. 식탁이 유력한 후보지만 식사할 때마다 치워야 하기에 귀찮습니다. 그렇다면 아예 거실에 책상을 놓으면 어떨까요. 위의 그림과 같이 벽 쪽으로 작은 책상을 배치하는 것이 아니라 수납도 할 수 있고 다양하게 사용할 수 있는 책상을 한눈에 거실을 볼 수 있는 곳에 배치하면, 일할 때든 가사를 할 때든 효율적으로 사용할 수 있습니다.

슈뢰더와 릿벌트가 원룸의 거실 겸 다이닝룸에 배치한 큰 책상은 넓은 방을 분할하는 역할도 합니다. 좁은 거실에는 이렇게 큰 책상을 들여놓기가 망설여질지 모르겠지만 상관없습니다. 가족이 없을 때는 거실 전체가 서재가 되며, 가족이 모였을 때 TV를 보지 않고 색다른 시간을 보낼 수도 있습니다. 책상을 중심으로 새로운 휴식의 형태가 생겨날 수 있는 것이죠.

가족의 서재 역할을 하는 책상

일도 하고 수납도 하고

이 책상은 원래 슈뢰더와 릿벌트가 설계한 에라스무스 거리의 집합주택의 모델하우스에 놓여 있었다. 다양한 기능을 높이 평가받아 나중에 단독으로 판매되었다.

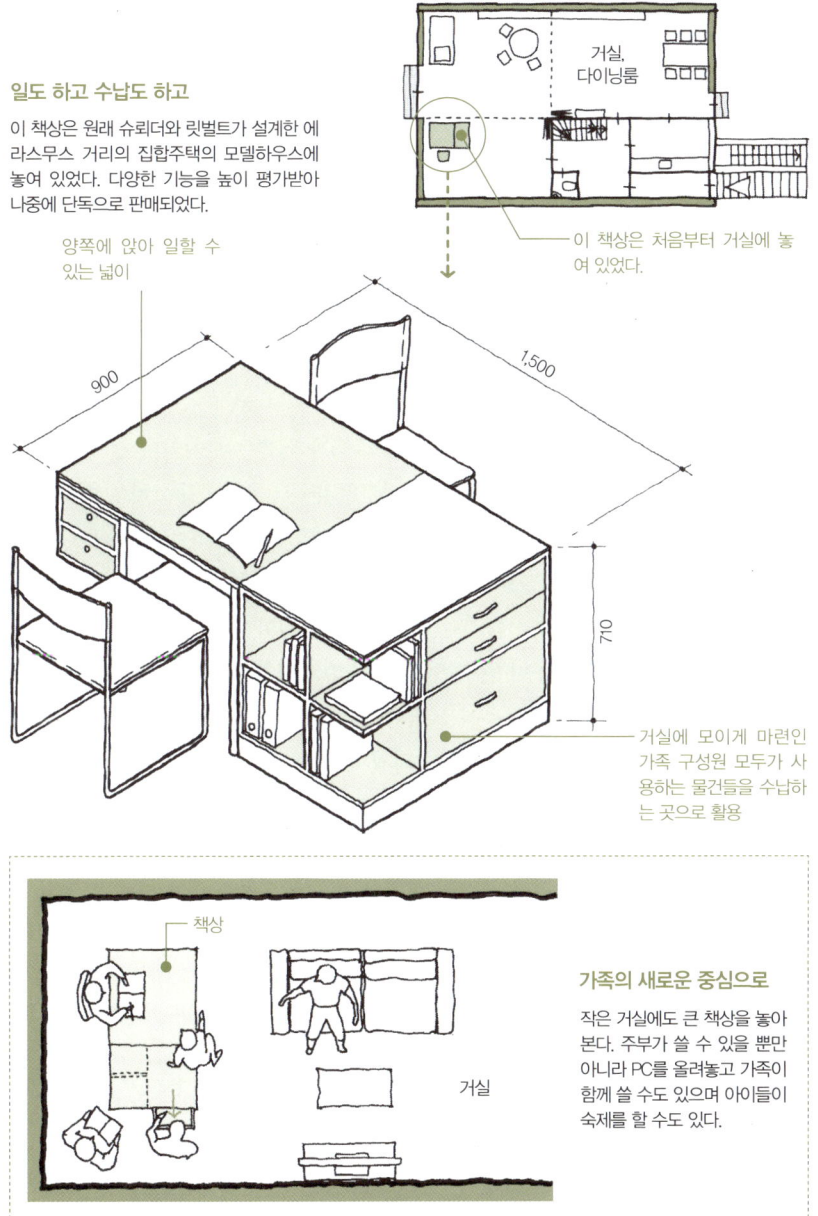

이 책상은 처음부터 거실에 놓여 있었다.

양쪽에 앉아 일할 수 있는 넓이

거실에 모이게 마련인 가족 구성원 모두가 사용하는 물건들을 수납하는 곳으로 활용

가족의 새로운 중심으로

작은 거실에도 큰 책상을 놓아 본다. 주부가 쓸 수 있을 뿐만 아니라 PC를 올려놓고 가족이 함께 쓸 수도 있으며 아이들이 숙제를 할 수도 있다.

4

세계적 거장의 재능을 발굴하고 창조력을 자극하다

트루스 슈뢰더
Truus Schröder - Schräder(1889-1985)

트루스 슈뢰더는 정규 디자인 교육을 받지 않았기에 선을 그어가며 설계를 하지는 않았습니다. 하지만 '슈뢰더 하우스'가 헤릿 릿벌트와의 공동설계로 발표되었듯이, 그녀는 뛰어난 디자이너였습니다. 주택에 대한 슈뢰더의 생각은 새로운 공간을 만들어내는 힘이 있었으며, 릿벌트의 창조력을 크게 자극했습니다. 두 사람은 고객과 가구 직인으로서 처음 만났습니다. 그때 이미 슈뢰더는 릿벌트의 재능을 알아차렸다고 합니다. 10여 년 뒤 재회하여 슈뢰더 하우스를 공동으로 설계한 뒤 그 1층에 두 사람의 설계 사무실을 차렸습니다. 아내와 여섯 명의 아이가 있는 릿벌트와의 관계는 사회적인 스캔들이 되었지만, 두 사람은 연애 감정에 대해서는 입을 열지 않았으며 담담하게 작업을 이어갔습니다.

아내가 죽고 난 뒤 릿벌트는 슈뢰더 하우스에서 살았으며, 릿벌트가 죽은 뒤에도 슈뢰더는 이 집에서 살다가 생을 마쳤습니다. 건축계에서 보기 드문 두 사람의 강한 인연이 역사적 가치가 있는 주택을 세상에 내놓은 것입니다.

▶ 슈뢰더 하우스(Rietveld Schröderhuis) 1924년에 남편을 잃은 슈뢰더와 세 명의 아이를 위해 건축한 릿벌트의 대표적인 작품. 당시 네덜란드에서 제창된 '데 스틸' 운동 양식이 가장 잘 드러난 주택이며, 2000년 유네스코에서 세계문화유산으로 지정되었다.

▶ 헤릿 릿벌트(Gerrit Rietveld:1988-1964) 네덜란드의 건축가이자 가구 디자이너. 기하학적 요소와 공간적 구성을 특징으로 한 '데 스틸' 운동의 일원이었다. 그의 설계 방식에는 항상 이 양식이 반영되어 있었으며 대표작으로 '적, 청의 안락의자'가 있다.

COLUMN 5

훌륭한 파트너를 만나 재능을 완성하다

플로렌스 놀
Florence Knoll Basstt (1917-)

레이 임스
Ray Eames(1912-1988)

크랜브룩 아카데미는 미국 미시건 주에 있는 건축, 디자인 전문 대학원입니다. 1940년대 무렵 훗날 미드 센추리 모던의 기수가 되는 수많은 인재들이 이곳에 모였습니다. 그 중의 한 명인 레이 카이저는 학장의 아들 에로 사리넨과 특별 연구원 찰스 임스의 일을 도와주었고, 이 일이 계기가 되어 찰스와 결혼했습니다. 미국 최강의 디자이너 부부가 탄생한 것입니다.

한편 플로렌스 저스트는 크랜브룩 아카데미를 졸업하고 설립된 지 얼마 안 된 모던 가구 제조회사 놀(Knoll) 사에 입사했으며 사장 한스의 오른팔이 되었고 곧 결혼을 하게 됩니다. 가구 업계에서도 최강의 부부가 탄생한 것입니다. 플로렌스의 인맥으로 놀 사는 에로 사리넨이나 미스 반 데어 로에와 가구 제조판매 계약에 성공했습니다. 동창생인 임스와도 계약을 하려고 했으나 유감스럽게도 성립되지 않았습니다.

디자이너로서 플로렌스는 레이만큼 유명하지는 않았지만 그녀의 표준적인 디자인은 지금도 널리 사용되고 있습니다.

▶ 미드 센추리 모던(Mid-Century Modern) 20세기 중반에 일어난 미국의 디자인, 도시 주택 개발을 말한다. 20세기 초의 테크놀로지 중심의 모더니즘에서 발전한 단순하고 합리적이며 대량생산이 가능한 디자인이다. 회고적인 분위기도 함께 지니고 있다.
▶ 에로 사리넨(Eero Saarinen:1910-1961) 핀란드 출생인 미국의 건축가. 콘크리트 구조를 이용한 표현주의적인 건축으로 유명하다. 대표작으로 뉴욕 케네디국제공항의 TWA터미널과 워싱턴의 댈러스 국제공항 등이 있다.

의자가 만드는 공간에 대하여
의자에 앉아서 무엇을 하는가

 사람은 대체로 무언가를 하기 위해서 의자에 앉습니다. 르 코르뷔지에는 "강의를 할 때는 높은 의자에 앉아 활동적으로. 담소를 나눌 때는 팔걸이의자에 앉아 예의바르게. 푹 쉴 때는 낮은 의자에 앉아 여유롭게. 그리고 다리를 올려놓으면 완전한 휴식을 취할 수 있다."라고 말했습니다. 요컨대 앉아서 무엇을 하느냐에 따라 의자의 형태가 달라진다는 말이죠.
 의자는 우선 높이로 분류를 하며 기본적으로 좌면의 넓이는 높이에 반비례합니다. 가령 스툴은 옆의 그림과 같이 거의 서 있는 듯한 자세로 앉기 때문에 신체에 닿는 면적이 좁습니다. 반대로 낮잠용 의자는 몸을 파묻고 있기 때문에 신체에 닿는 면적이 넓어집니다. 말하자면 의자의 높이는 앉아서 보내는(보내고 싶은) 시간의 길이와도 반비례합니다.
 코르뷔지에는 일할 때는 잠이 깨는 효과가 있는, 좌면이 높고 좁은 의자가 필요하다고 역설적으로 말했습니다. 이와 같이 다양한 효과가 있기 때문에 용도에 맞는 의자를 선택해야 합니다.

> 무엇을 하느냐에 따라
> 의자를 분류한다

일과 식사를 할 때

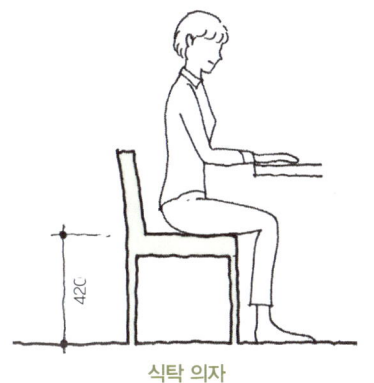

식탁 의자

가장 널리 사용되는 유형의 의자

강의를 할 때

좌면이 가장 높은 의자

스툴

잠깐 앉을 때 쓰는 등받이가 없는 의자

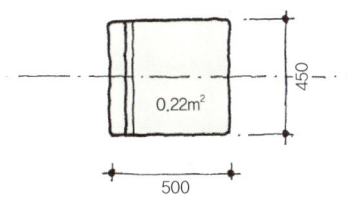

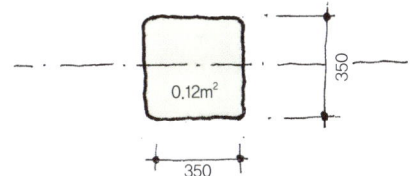

| 푹 쉴 때 | 대화를 나눌 때 |

라운지 체어 + 오토만   라운지 체어
－다리를 올려놓으면 한결 편히 쉴 수 있다.   －오랜 시간 앉아 있기에 편한 유형

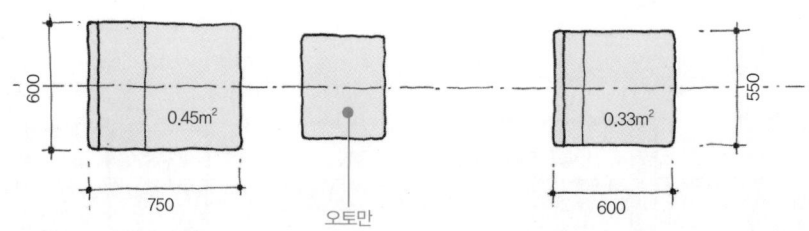

> 낮잠을 잘 때

편하게 앉아서 쉬고 싶은 시간만큼 의자의 높이가 낮아지고 좌면이 넓어진다.

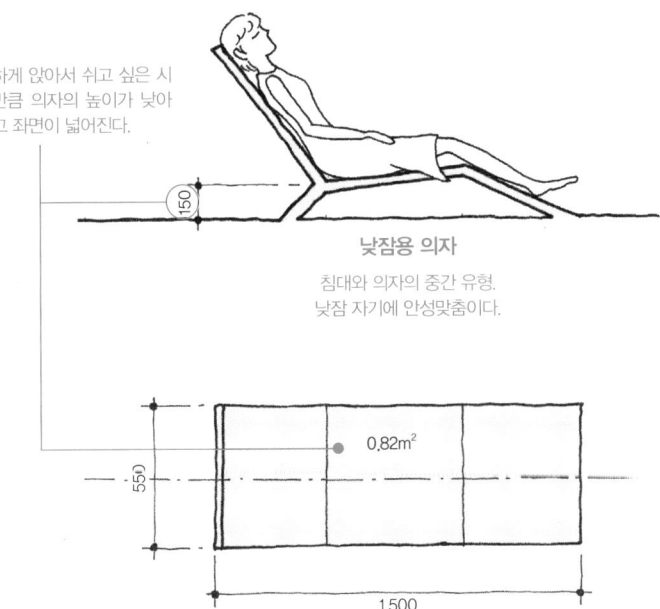

낮잠용 의자
침대와 의자의 중간 유형.
낮잠 자기에 안성맞춤이다.

트랜셋 체어 by 아일린 그레이
LC4 by 르 코르뷔지에, 피에르 잔느레, 샤를롯 페리앙

자세에 맞게 형태를 바꿔주는 의자

해먹은 사람의 자세에 맞게 형태가 바뀌기에 편하게 쉴 수가 있다.

사람은 긴장이 풀리면 두 다리로 서 있다가 서서히 다른 사물에 몸을 기대며 휴식을 취하게 됩니다. 그러다가 결국 머리에서 발까지 바닥에 붙이고 누워서 쉬게 됩니다. 물론 휴식을 취하는 자세는 사람에 따라 조금씩 다릅니다.

형태가 고정된 가구에 몸을 의지할 때는 그 가구에 맞는 자세를 취해야 합니다. 하지만 해먹은 사람의 자세에 따라 유연하게 모양이 변해 편안하게 쉴 수 있습니다.

해먹과 같이 몸의 움직임에 따라 형태가 바뀌는 가구를 만들 수는 없겠지만 그런 발상에서 나온 의자들이 있습니다. 그레이가 디자인한 트랜셋 체어(Transat Chair)는 해먹처럼 가죽으로 만든 쿠션을 뼈대에 달아서 사람의 자세에 따라 모양이 바뀌며, 쉐즈 롱이라 부르는 LC4는 어떤 각도로 눕든 안정된 자세를 취할 수 있습니다. 자신이 원하는 자세로 휴식을 취할 수 있는 의자입니다.

좀 더 편하게 쉬기 위한 의자를 추구하다

사람의 자세를 생각한다   사람은 긴장이 풀리면 점점 더 바닥이나 가구에 몸을 대는 면적이 넓어진다.

서다(긴장)　　앉다(조금 긴장)　　기대다(잠깐의 휴식)　　눕다(완전한 휴식)

해먹의 편안함을 재현하다

그레이의 트랜셋 의자. 가죽 쿠션을 나무로 만든 뼈대에 달아 놓았기 때문에, 해먹처럼 몸의 자세에 따라 유연하게 모양이 바뀐다. 등받이의 각도를 자유롭게 조절할 수 있어 등을 비스듬히 기대고 쉴 수도 있다.

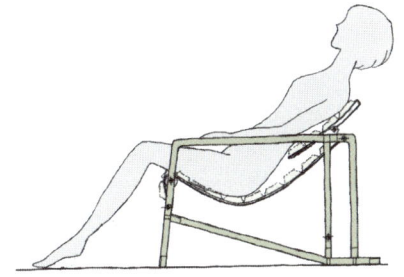

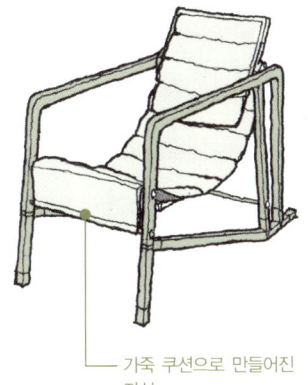

가죽 쿠션으로 만들어진 좌석

각도를 조절할 수 있는 긴 의자

LC4라고도 불리는 '쉐즈 롱(긴 의자)'. 받침대 위에 신체 곡선에 맞게 구부러진 활 모양의 호가 올려져 있고, 그 위에 좌면이 있어 각도를 자유롭게 조절할 수 있다. 올리고 싶은 각도로 다리를 올릴 수 있지만, 일단 눕고 나면 각도를 바꿀 수는 없다.

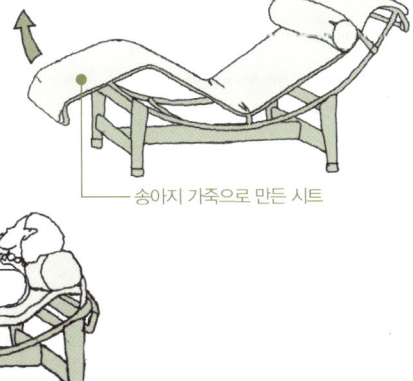

송아지 가죽으로 만든 시트

내려올 때 힘들 수도

MR 체어 by 미스 반 데어 로에
LR36, 103 by 릴리 라이히

스프링의 탄력을 가진 다리가 두 개인 의자

보통 의자에는 다리가 네 개가 달려 있어야 튼튼하지만, 앉았을 때 부드러운 느낌을 주기 위해서는 별도의 쿠션이 필요합니다. 이전에는 쿠션에 스프링을 넣어 탄력 있게 만들었습니다.*

하지만 이번에 소개하는 의자는 의자 전체에 스프링의 탄력을 갖추게 한 것이 다리 두 개로만 지지하는 의자입니다. 뒤의 다리 두 개를 없애는 대신에 탄력 있는 뼈대가 체중을 지지하는 구조입니다. 이 원리를 누가 최초로 발견했는지에 대해서는 여러 주장이 있으며, 1920년대 중반 무렵부터 여러 디자이너들이 이 구조를 사용하기 시작했습니다. 뼈대의 소재로 금속파이프나 성형합판을 사용하는 등 다양한 의자가 나왔습니다.

같은 원리로 이루어진 의자를 여러 사람이 설계하고 있기 때문에 의자가 가진 개성의 차이가 두드러지게 나타납니다. 가령 미스 반 데어 로에의 MR 의자는 앞 쪽의 다리가 반원의 곡선을 그리고 있으며, 두 개의 다리만으로 지탱되는 의자 중에서 가장 우아합니다. 한편 릴리 라이히가 디자인한 의자는 캐주얼한 디자인인데, 뼈대의 탄력성에만 의존하지 않고 쿠션도 사용했으며 에워싸는 듯한 모양의 등받이가 그녀의 부드러운 성격을 느끼게 해줍니다.

용수철의 탄력을 이용한 의자

미스 반 데어 로에의 MR 체어
반원의 곡선을 그리는 우아한 다리는 보기만 해도 경쾌한 느낌과 공중에 떠 있는 듯한 느낌이 전달된다. 처음에는 지나치게 탄력이 강해서 앉으려던 사람이 튕겨나가는 일도 있었다고 한다.

디자이너의 개성이 담긴 단순한 구조

릴리 라이히의 LR36, 103

두 개의 다리 위에 캐주얼한 코르덴 좌면과 등받이가 달린 유형. 앉았을 때 편안한 느낌을 추구해서 다양한 시작품이 만들어졌다.

용수철에서 힌트를 얻은, 다리가 두 개 달린 의자의 구조

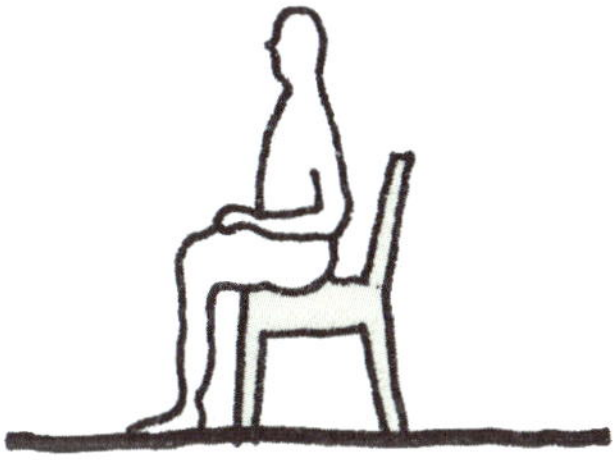

일반적인 의자는 다리가 네 개. 안정되어 있지만 편안하게 앉기 위해서는 쿠션이 필요하다. 그래서 탄력성을 지닌 스프링을 넣었다.

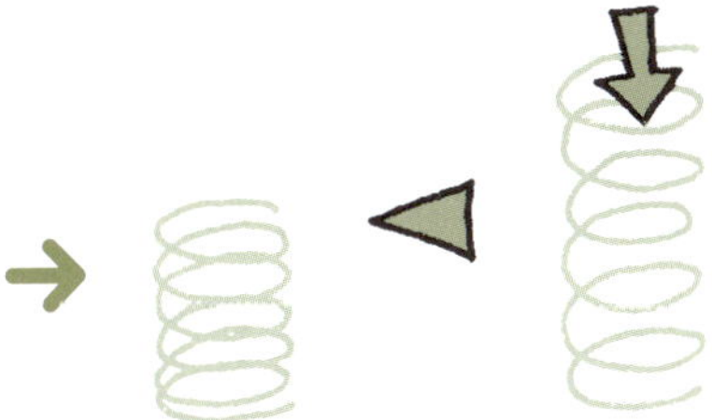

스프링의 탄력성을 의자 전체에 갖게 하면……?

다리가 두 개 달린 의자

탄력 있는 뼈대가 체중을 지탱한다.

기세 좋게 앉으면 튕겨나가는 일도 있었지만 지금은 개선되었다.

---

* 지금은 대부분의 쿠션이 탄력있는 우레탄폼으로 만들어지고 있으며, 가공하는 데 시간이 걸리는 용수철을 사용하는 의자는 거의 나오지 않게 되었다. 사실 용수철을 이용한 쿠션이 내구성도 있고 편리하다.

논콘포미스트 체어 by 아일린 그레이

좌우 비대칭은 여성을 아름답게 보이게 한다

플라멩코 의상의 비대칭적인 치마는 여성다움을 강조한다.
여성의 옷과 달리 남성의 옷은 대부분 좌우대칭을 이루고 있다.

    가구는 좌우대칭으로 만들어진 제품이 많으며, 특히 의자는 대부분이 좌우대칭입니다. 하지만 사람은 반드시 좌우대칭으로 앉지 않으며, 오히려 조금은 흐트러진 자세가 아름답게 보이는 경우도 있습니다. 그렇다면 앉았을 때 자연스럽게 아름다운 자세를 만들어주는 의자가 있다면 좋지 않을까요?

    그레이는 비대칭 의자를 디자인했습니다. 그녀는 의자에 앉는 사람이 한결 자유롭게 움직일 수 있도록 팔걸이를 한쪽만 달아놓았습니다. 사람은 의자 양쪽에 팔걸이가 있으면 좌우대칭으로 불편하게 앉기 십상이지만, 팔걸이가 한쪽만 있으면 반대쪽 팔을 자유롭게 쓸 수 있을 뿐만 아니라 한쪽 팔걸이에 몸을 기대면서 몸 전체의 라인이 비대칭으로 부드러워집니다.

    여성스러움을 드러내는 의자라고 해서 요염하게 보이는 것은 아닙니다. '논콘포미스트(Non-Conformist)'라는 이름대로 시류에 편승하지 않는 개성을 지니고 자신을 아름답게 드러내는 법을 알고 있는, 자립한 그레이와 같은 여성에게 어울리는 의자입니다.

교태를 부리지 않는 자연스런 아름다움의 비밀

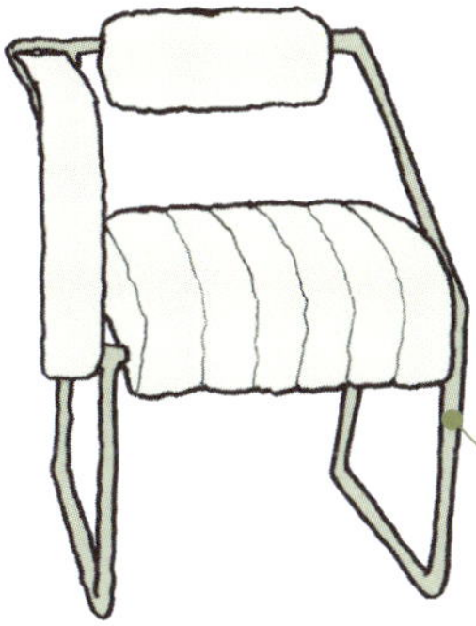

비대칭인 형태
크롬 파이프에 몽실몽실한 천으로 만든 쿠션. '논콘포미스트 체어(Non-Conformist chair)'라는 이름도 그레이의 유머 감각과 관습에 젖어 살지 않는 자신이 가진 삶의 방식을 반영하고 있다.

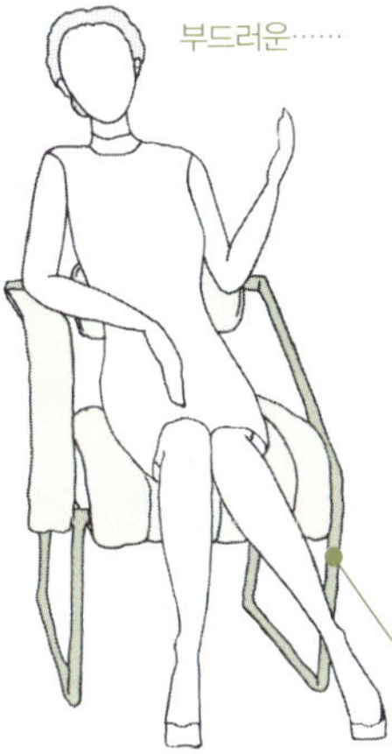

한쪽에는 팔걸이가 없다.

부드러운……   딱딱한……

여성다움을 이끌어내는 의자
좌우대칭인 의자는 양쪽에 달려 있는 팔걸이 때문에 자세가 딱딱해지기 십상인데, 비대칭인 그레이의 의자는 한쪽 팔걸이에만 몸을 기대기 때문에 자연스럽게 여성스러운 자세가 된다.

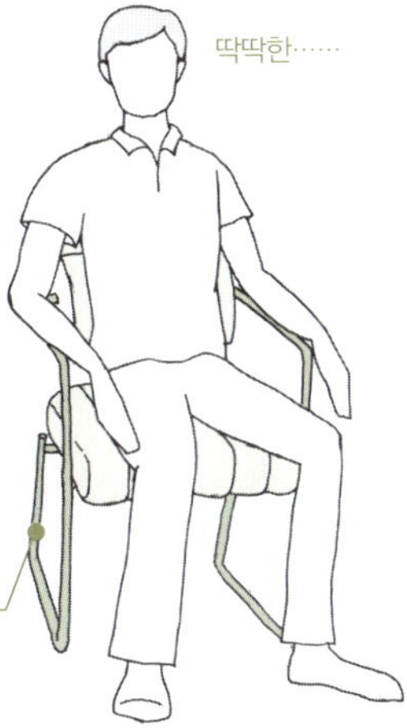

비대칭인 의자   대칭인 의자

'논콘포미스트'이기 때문에……
이 의자를 거실에 놓을 때는 한 개만 놓는 편이 좋다. 그래야 앉아 있는 사람의 아름다움이 두드러질 것이다.

바르셀로나 체어 by 미스 반 데어 로에, 릴리 라이히

왕좌의 기품을 의자로 드러내다

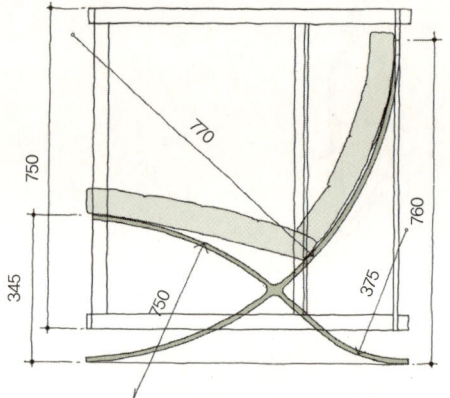

정밀하게 치수가 디자인되어 있는 바르셀로나 의자의 X형 뼈대

　세계에서 가장 아름다운 의자라고 불리는 바르셀로나 체어. 1929년 스페인 바르셀로나에서 열린 세계박람회의 파빌리온*에 놓여 있던 이 의자는 그곳에 방문한 국왕을 위해 디자인된 것입니다.

　바르셀로나 체어는 왕의 상징으로 디자인된 의자입니다. 모던한 디자인이되 왕좌답게 위엄과 기품을 풍겨야 했습니다. 우아한 X형으로 교차된 강철 뼈대는 일일이 손으로 용접하고 정밀한 연마 작업을 거쳐 만들었습니다. 소가죽으로 된 하얀 쿠션은 넉넉할 정도로 넓습니다. 파빌리온에 배치했던 두 개의 의자는 세계박람회 기간 중 실제 아무도 사용한 적이 없었지만, 아름다운 자태로 사람들의 눈을 즐겁게 해줌으로써 그 역할을 충분히 수행했습니다.

　지금은 스테인리스 뼈대로 대체되어 일반인들도 왕좌에 앉을 수 있게 되었습니다. 이 의자를 배치할 때는 특유의 아름다움을 어느 각도에서도 감상할 수 있도록 주위를 비워둡시다. 우아하게 왕이 된 듯한 기분을 즐겨보시기 바랍니다.

가구를 감상하기 위한 공간

넓은 공간에 어울리는 의자

오닉스로 만든 벽에 뒤지지 않는 존재감을 보여주는 의자. 넓은 공간에 군데군데 배치되어 있어도 허전해 보이지 않고 분위기를 만들어내는 위엄을 지니고 있다.

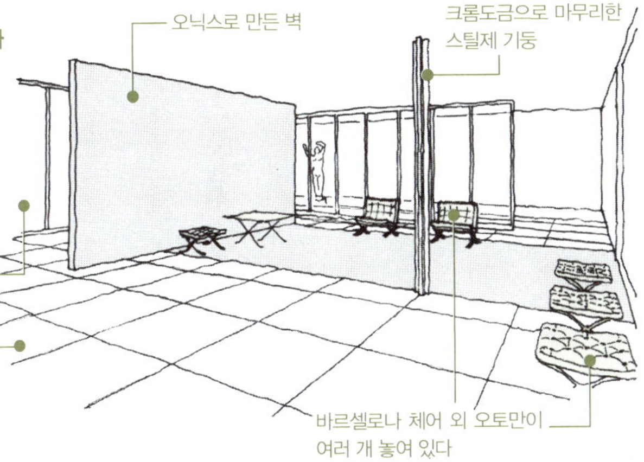

— 오닉스로 만든 벽
— 크롬도금으로 마무리한 스틸제 기둥
— 유리벽
— 트래버틴 바닥
— 바르셀로나 체어 외 오토만이 여러 개 놓여 있다

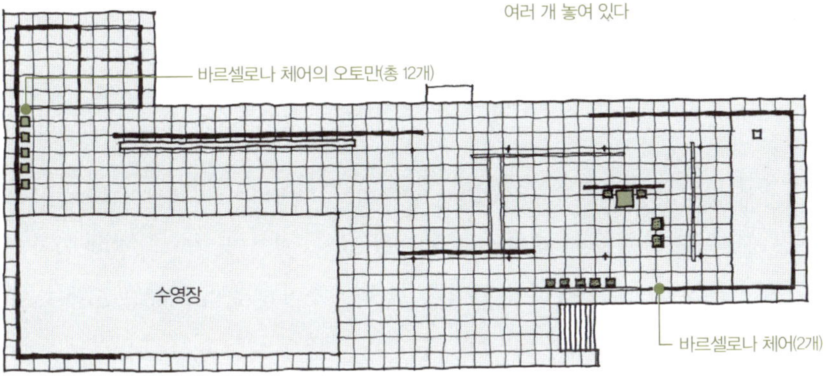

— 바르셀로나 체어의 오토만(총 12개)
— 수영장
— 바르셀로나 체어(2개)

바르셀로나 파빌리온의 평면도(S=1:500). 공장에서 생산된 유리와 철이라는 새로운 소재와 고급 석재를 조합하여 만든 공간이다. 건물 안과 밖이 자연스럽게 이어진다.

— 강철제 뼈대에 백색 소가죽 쿠션이 잘 어울린다.

'보여주는 의자'를 배치하는 방법

이렇게 '보여주는 가구'를 배치할 때는 적어도 300mm는 주위를 비워두어야 한다. 여러 개를 나열할 때도 나란히 이어서 배치해서는 안 된다.

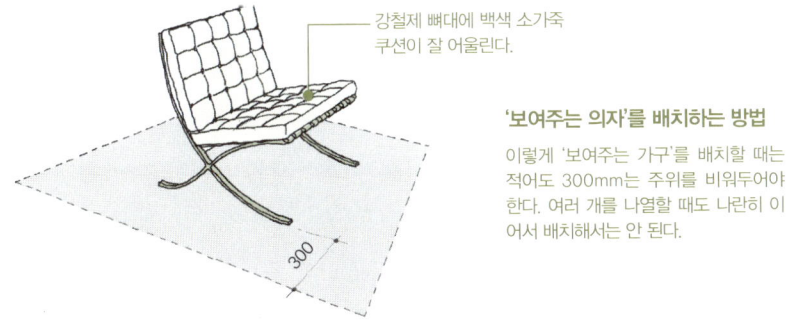

*미스 반 데어 로에가 만든 바르셀로나 파빌리온. 세계박람회의 독일관으로 건축되었으며 세계박람회가 끝난 뒤 철거되었지만 바르셀로나에 재건되었다.

LC2 by 르 코르뷔지에, 피에르 잔느레, 샤를롯 페리앙

명작의 '위대한 편안함'을 누리기 위해

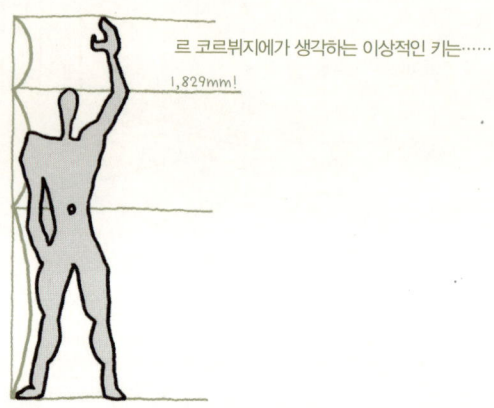

르 코르뷔지에가 생각하는 이상적인 키는……
1,829mm!

혹시 동경하던 명작 가구를 손에 넣었다는 사실에만 만족하고 있지 않나요? 가구는 사용했을 때 비로소 그 진가를 알 수 있는 법입니다. 실제 일상생활에서 적극적으로 사용해야 합니다. 하지만 주거 공간의 형태는 모두 다릅니다. 유럽과 동양의 경우, 사람의 체격이나 생활습관도 다르기 때문에 동양의 일반적인 주택에서 유럽 가구를 쓰기 위해서는 머리를 좀 써야 합니다.

의자를 사용할 때는 무엇보다도 좌면의 높이가 문제가 됩니다. 동양인의 체격은 유럽 사람들에 비해 작으며, 게다가 집 안에서 신발을 벗기 때문에 적어도 신발 밑창의 높이인 20~30mm는 다리가 짧아지는 셈이 됩니다. 표준적인 유럽 의자를 그대로 사용하면, 의자에 앉았을 때 다리가 바닥에 닿지 않아 허공에 떠 있는 상태가 될 수 있으며, 불안정해서 편히 앉아 있을 수가 없습니다.

의자의 다리를 나무로 만들었다면 수십mm를 잘라서 사용하는 방법이 있습니다. 금속제 다리로 만들어진 LC2는 잘라낼 수는 없지만, 유연하게 사용하면 편하게 앉을 수 있습니다.

명작 가구를 편하게 사용하기 위한 힌트

스틸 파이프에 쿠션만으로 이루어진 단순한 디자인

'Grand Comfort(위대한 편안함)'라고 이름 붙인 소파. 통칭 'LC2'. LC3은 좀 더 크고 쿠션이 하나로 되어 있다.

유럽에서 디자인한 의자는 동양인에게 크다

큰 체격, 실내에서도 신발을 신는 습관을 전제로 디자인 되었기 때문에 앉는 자리의 높이가 475mm나 된다. 유럽인에게는 편안한 크기라도 동양인에게는 맞지 않는 경우가 있다.

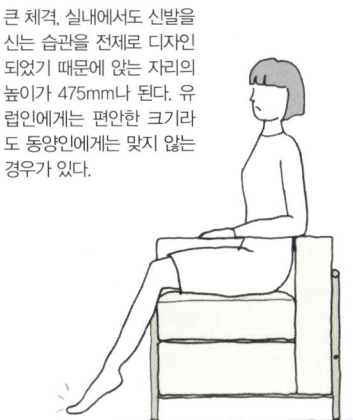

이런 사용법도······

손님이 왔을 때는 위의 쿠션을 바닥에 내려놓으면 의자의 좌면이 낮아지고, 한 명이 더 앉을 수 있게 된다. 바닥에 앉아서 생활하는 습관이 있어 생각해낼 수 있는 방법. 이와 같이 적극적으로 명작 가구를 사용할 수 있어야 한다.

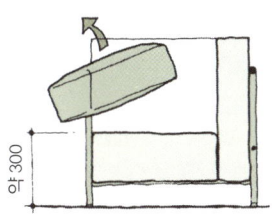

의자가 만드는 공간

라 셰즈 by 찰스, 레이 임스 부부

세계에서 가장 많이 생산된 '예술 의자'

플라스틱 의자는 누구나 한 번은 본 적이 있지 않을까요. 좌면과 등받이가 일체화되고 신체에 맞는 곡선으로 이루어진 플라스틱 의자는 FRP라는 소재가 있었기에 가능했습니다.* 가볍지만 쉽게 부서지지 않으며 대량으로 생산할 수 있는 이 효율적인 플라스틱 의자는 임스 부부가 처음 생각해냈습니다. 그 후 개발되어 판매된 이래 모방품을 포함해서 아마 세계에서 가장 많이 생산된 의자라고 해도 과언이 아닙니다.

라 셰즈(La Chaise)라고 불리는 이 이질적인 의자는 임스 부부가 사이드 체어, 암 체어와 함께 뉴욕 근대미술관의 저비용 가구 디자인 공모전에 출품한 의자입니다. 조각가 가스통 라셰즈의 '떠오르는 형태'라는 조각 작품에서 영감을 얻어 만든 의자이며, 우아하고 아름답게 생겨 아무리 봐도 저비용 가구의 틀에서 벗어나 있습니다. 그럼에도 불구하고 굳이 이 의자를 출품한 임스 부부는 저렴한 소재에 기능적인 의자라도 예술적인 의자를 만들 수 있다는 가능성을 제시하고 싶었는지 모릅니다.

플라스틱 의자의 대표 선수

임스의 의자
다양한 색깔과 여러 모양의 다리로 이루어진 사이드 체어와 암 체어. FRP는 재활용이 어려워 지금은 폴리프로필렌으로 만들어진다.

플라스틱 사이드 체어   플라스틱 암 체어

소재에 구애받지 않는 예술성

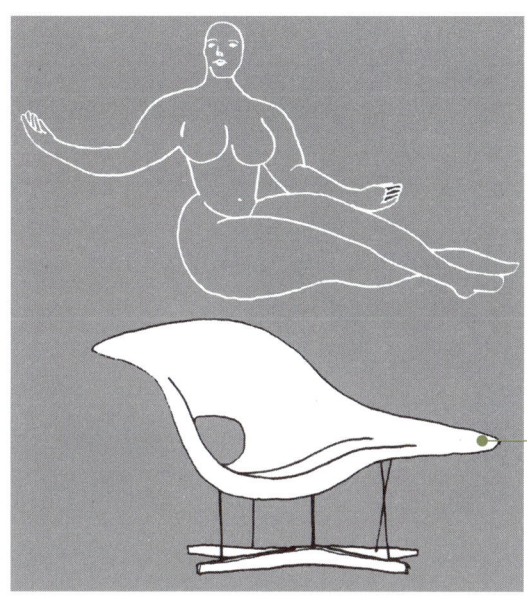

'떠오르는 형태'가 힌트

가스통 라셰즈가 조각한 '떠오르는 형태'의 여성이 앉으면 딱 들어맞을 것 같은 구름과 같은 모양. 본체는 5개의 금속 파이프로 지지되고 있으며 그 자체가 떠 있는 듯하다. 지금도 생산되고 있는데, 가격은 사이드 체어의 수십 배에 달한다.

'라 셰즈'라는 이름의 의자

방에 놓을 때는 어떤 각도에서도 즐길 수 있도록 벽에 붙여놓지 말고 어느 정도 주위에 공간을 확보해둔다.

실용적인 얼굴도 갖고 있다

이 예술적인 형태는 실용적이기도 하다. 누워서 쉴 수 있을 뿐만 아니라 평범하게 앉아서 쉴 수도 있고 두 사람이 앉을 수도 있다.

* FRP(Fiber Reinforced Plastics)는 플라스틱에 유리섬유를 넣어서 강화한 것이다. 가볍고 튼튼하며 쉽게 부식되지 않고 내열성도 갖추고 있어 조립식 욕실이나 정화조 등에도 사용된다. 섬유강화플라스틱이라고도 불린다.

셰즈 by 찰스, 레이 임스 부부

깊이 잠 못 들게 하는 안락의자

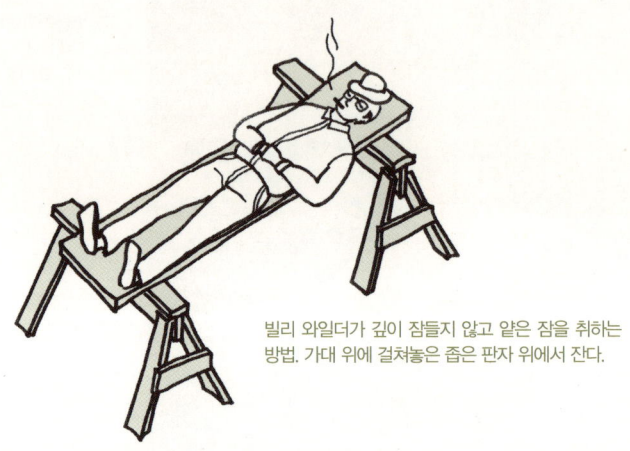

빌리 와일더가 깊이 잠들지 않고 얕은 잠을 취하는 방법. 가대 위에 걸쳐놓은 좁은 판자 위에서 잔다.

눈을 감고 생각을 하려고 하다가 어느새 잠들어버리는 경험은 누구라도 있을 겁니다. 깜박 잠이 드는 것을 방지하는 방법은 여러 가지가 있지만, 숙면 방지용 의자도 있습니다.

영화계의 거장 빌리 와일더는 잠깐 잠을 자기 위해서 가대 위에 좁다란 판자를 걸쳐 놓고 그 위에서 잤다고 합니다. 이 이야기를 전해들은 임스 부부는 깊이 잠들기 어려운 안락의자를 디자인했습니다. 신체의 선에 맞춰서 부드러운 곡선 모양으로 이루어진 이 의자는 매우 편안해 보이지만, 폭이 455mm밖에 되지 않는 점이 포인트입니다. 어깨 넓이 정도의 좌면에 누우면 자연스럽게 가슴이나 배 위에 손을 얹게 되고, 잠이 들어버리면 손이 의자 밑으로 뚝 떨어져 깜짝 놀라 잠에서 깨게 되는 것이죠.

임스 부부의 의자는 편안해서 쉽게 잠이 드는 만큼 빌리 와일더의 판자보다 고약한 의자지만, 폭을 조금 바꾸기만 해도 신체의 편안함과 사람의 반응이 바뀐다는 점을 가르쳐주는 반면교사의 역할을 합니다.

신체의 반응까지 계산된 디자인

영화계의 거장에게 바친 잠이 들면 깨게 해주는 의자

바로 잠이 들도록 안락하게 생겼지만, 깊게 잠들어 몸의 긴장이 풀어지면 손이 스르르 떨어져 잠에서 깨게 된다. 사람의 생리 현상을 이용해서 생각해낸 의자의 폭.

옆에서 보면 편안하게 보이지만, 잠이 들면······.

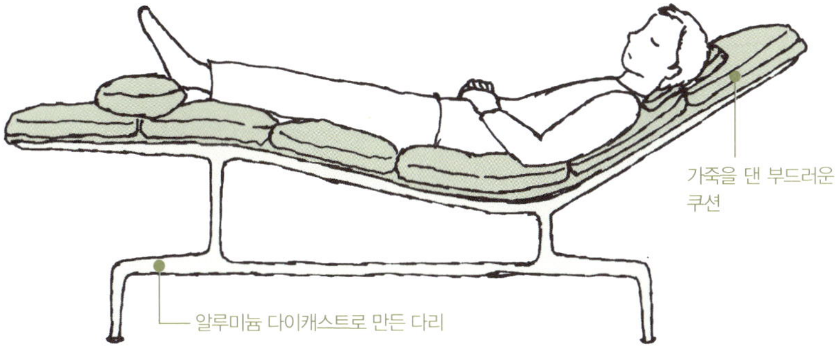

— 가죽을 댄 부드러운 쿠션

— 알루미늄 다이캐스트로 만든 다리

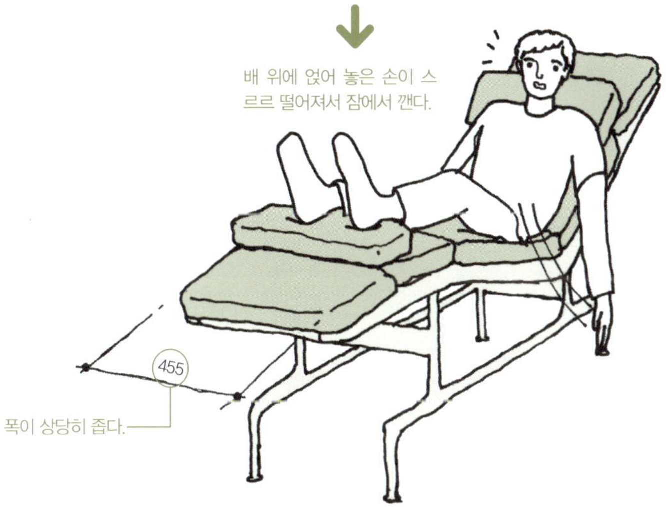

↓

배 위에 얹어 놓은 손이 스르르 떨어져서 잠에서 깬다.

455

폭이 상당히 좁다.

상자 위에 베개

다른 방법으로

불안정한 상태로 잠이 들게 하는 방법으로 네모난 상자 위에 베개를 얹어 베고 자는 방법도 있다. 잠이 들면 머리가 베개에서 떨어지든지 베개가 떨어져 잠에서 깨게 된다.

폴딩 스태킹 체어 by 샤를롯 페리앙
좁은 방이라도 여유롭게

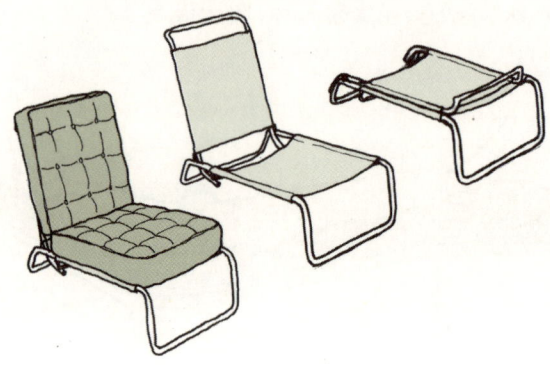

스틸 파이프와 범포로 이루어진 뼈대를 펼쳐서 쿠션을 얹기만 하면 된다.

좁은 방은 가구로 인해 발 디딜 틈조차 없게 마련입니다. 라운지 체어를 들여놓고 여유롭게 휴식을 취하고 싶지만 꿈도 꿀 수 없습니다. 그럴 때 간단하게 치울 수 있고 다양한 용도로 사용할 수 있는 라운지 체어가 있으면 좋지 않을까요.

폴딩 스태킹 체어(Folding Stacking Chair)는 파이프체어와 같은 뼈대를 펼쳐 놓고, 그 위에 접는 쿠션을 얹기만 하면 되는 의자입니다. 쿠션의 폭은 600mm이며 편안하게 쉴 수 있습니다. 뼈대에 쿠션을 3개 나란히 얹으면 등을 기대고 다리를 쭉 뻗고 쉴 수 있는 의자가 되며, 좌면에 쿠션을 두 개 겹쳐 올리면 보통 의자처럼 사용할 수 있습니다. 바닥에 쿠션을 두세 개 정도 쌓아놓고 앉으면 그 상태로 의자가 됩니다. 필요가 없을 때는 쿠션과 뼈대를 따로 접어서 차곡차곡 겹쳐서 수납할 수 있기 때문에 두 서너 세트를 갖고 있어도 그다지 공간을 차지하지 않습니다.

유감스럽게도 이 의자는 지금은 제작되지 않습니다. 다만 이와 비슷한 접이식 베개가 판매되고 있습니다. TV를 볼 때 등을 기대고 앉을 수 있는 것이죠. 하지만 나는 역시 페리앙의 의자가 마음에 듭니다.

라운지 체어의 다양한 사용법

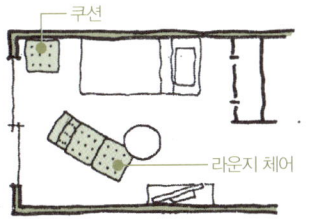

좁은 공간에서도 여유롭게

원룸 등 좁은 방에는 간단하게 수납할 수 있고 다양한 용도로 사용할 수 있는 이 라운지 체어가 안성맞춤이다.

좌면에 쿠션을 두 개 겹쳐 놓으면 식탁의자로

세 개의 쿠션을 나란히 얹으면 발을 뻗고 편히 쉴 수 있는 의자로

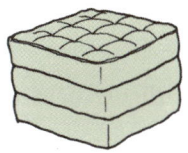

쿠션을 세 개 겹쳐 놓으면 그 상태로 앉을 수 있다. 펼쳐 놓으면 손님용 방석으로도 쓸 수 있다.

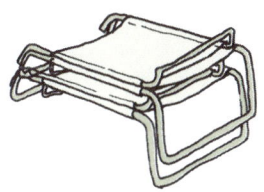

뼈대는 접으면 겹쳐서 수납할 수 있다.

이런 거라도……

지금은 대용품으로 '접이식 베개'가 있다

누웠을 때   앉아 있을 때   접었을 때

COLUMN

미스 반 데어 로에에게
영향을 미친 디자이너

릴리 라이히
Lilly Reich(1885-1947)

릴리 라이히는 못생겼다고 합니다. 온화한 미소를 띠고 있는 사진 속의 그녀를 보면 이해가 되지 않는데, 대체 이런 말이 세상에 나돌게 된 까닭은 무엇일까요? 릴리 라이히는 미스 반 데어 로에가 유일하게 신뢰하고 함께 일한 여성입니다. 그를 만나기 전부터 독립해서 사무실을 차려 활동하던 여성 디자이너였습니다. 미스 반 데어 로에는 전시 디자인을 수없이 한 그녀가 소재를 다루고 보여주는 법을 보고 큰 영향을 받았습니다. 현재 미스 반 데어 로에의 작품으로 평가받는 것 중에는 두 사람이 함께 디자인한 작품이 많이 포함되어 있습니다.

완벽주의자였던 릴리 라이히는 개인적으로도 미스 반 데어 로에에게 헌신했으며, 그의 딸들의 복장까지 간섭할 정도였습니다. 아무래도 못생겼다는 말은 이와 같이 솔직한 그녀의 언동에서 나온 말이 아닐까 싶습니다. 미스 반 데어 로에가 그녀를 남겨두고, 전쟁 기운이 감도는 독일에서 미국으로 가버린 뒤에도 릴리 라이히는 그에게 최선을 다했으며 그의 사무실을 책임지고 관리해서 방대한 양의 도면을 전쟁 속에서 지켜냈습니다.

그녀는 전쟁이 끝나고 얼마 안 되어 돈도 일도 없는 상태에서 병사했습니다. 근래에 들어서 그녀가 사수한 도면을 토대로 그녀의 공적이 재평가되고 있습니다.

'평범한 방'으로
만들지 않는다

침실, 서재, 아이들 방

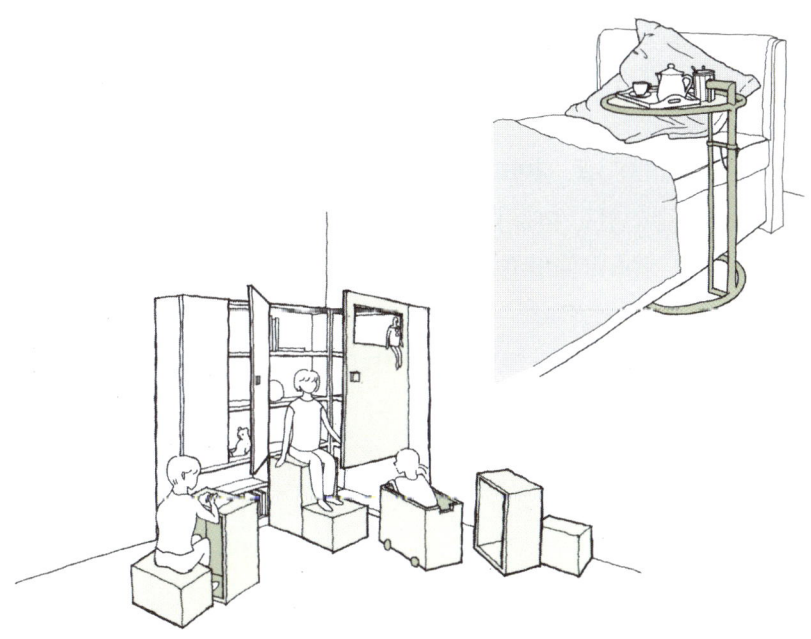

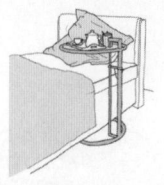

침실과 서재에 대하여
침대 배치와 치수

  침대의 크기는 싱글, 세미더블, 더블, 퀸, 킹 등 다양하지만 배치하는 법은 기본적으로 같습니다. 침대의 두 면 혹은 세 면을 벽에서 떨어지게 하고, 머리 쪽을 벽에 붙여 배치합니다. 벽에 붙일 수 없을 때는 머리를 기댈 수 있도록 헤드보드가 달린 침대를 선택합니다.

  혹시 외국 여행을 다니다가 침대가 작다는 느낌을 받은 적 없나요? 사실 유럽의 침대는 동양의 침대보다 조금 작습니다. 그렇게 습관이 들었기 때문이라고는 하지만 동양인들보다 체격이 좋은 사람이 수두룩한데 침대가 더 작아도 왜 불만이 없는 것인지 이해가 되질 않습니다.

  침대를 배치할 때는 벽에서 떨어져서 배치할 수 있는가, 어디에서 만들어진 것인가를 확인하는 것이 포인트입니다.

일반적인 침대 배치

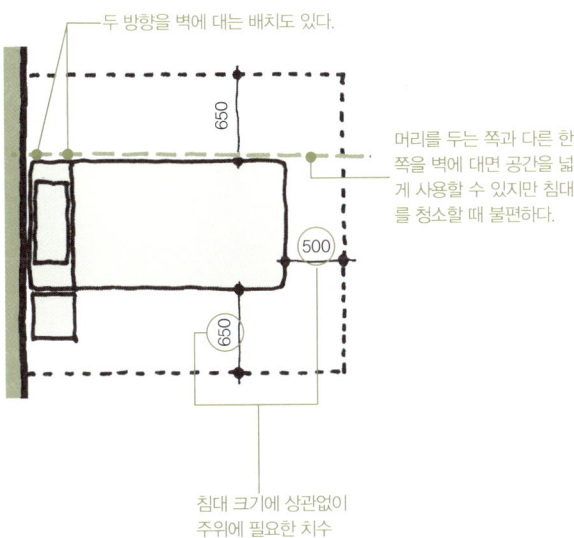

두 방향을 벽에 대는 배치도 있다.

650

머리를 두는 쪽과 다른 한 쪽을 벽에 대면 공간을 넓게 사용할 수 있지만 침대를 청소할 때 불편하다.

500

650

침대 크기에 상관없이 주위에 필요한 치수

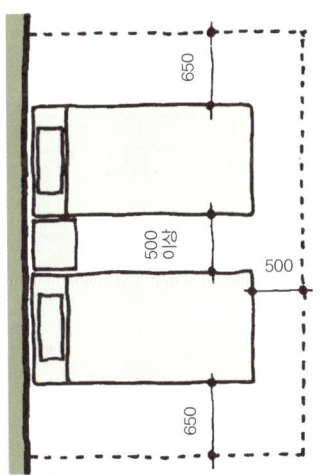

침대를 두 개 나란히 놓을 때는 이런 배치가 이상적이다.

헤드보드

침대의 머리 쪽을 벽에 댈 수 없을 때는 헤드보드를 달아 베개가 떨어지는 것을 방지한다.

여러 국가에서 일반적으로 쓰고 있는 기본적인 침대 크기

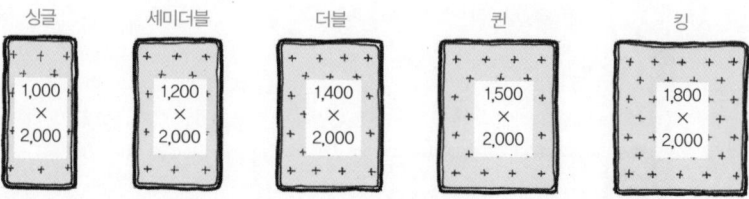

여러 나라의 싱글 침대

한국·일본의 표준적인 싱글 침대의 크기는 1,000×2,000mm. 유럽의 표준은 900×1,900mm로 한국·일본보다 작다. 태국은 폭이 1,070mm로 더욱 넓다. 아래 그림의 사람은 키가 180cm 정도지만, 유럽 침대에서는 신체의 일부가 밖으로 나온다.

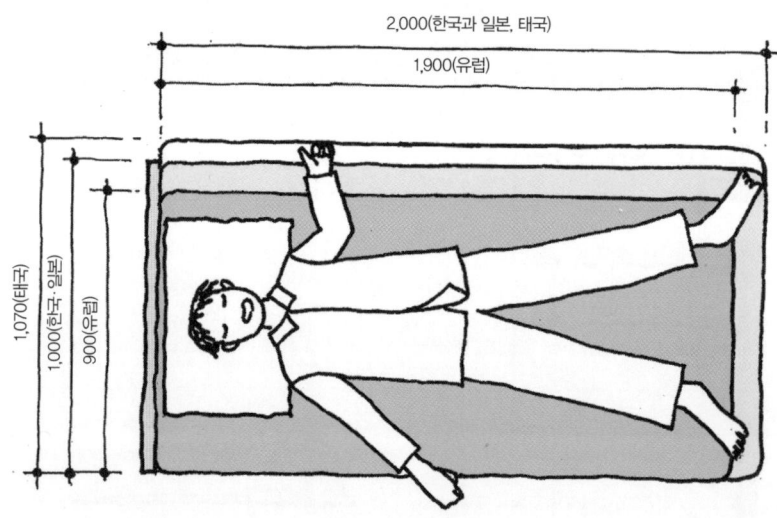

미국의 싱글 침대

미국에서는 싱글침대를 트윈이라고 부르며, 크기는 보통 990×1,910mm. 하지만 대학 등의 기숙사에 있는 엑스트라 롱 침대의 길이는 2,030mm이기 때문에 일반적인 트윈용 시트를 씌울 수 없다.
게다가 침대는 한국이나 일본보다 작은데 베개는 크다(한국과 일본의 표준 베개커버는 430×630mm, 미국 510×760mm 정도). 해외에서 시트나 베개커버를 구입할 때는 주의해야 한다.

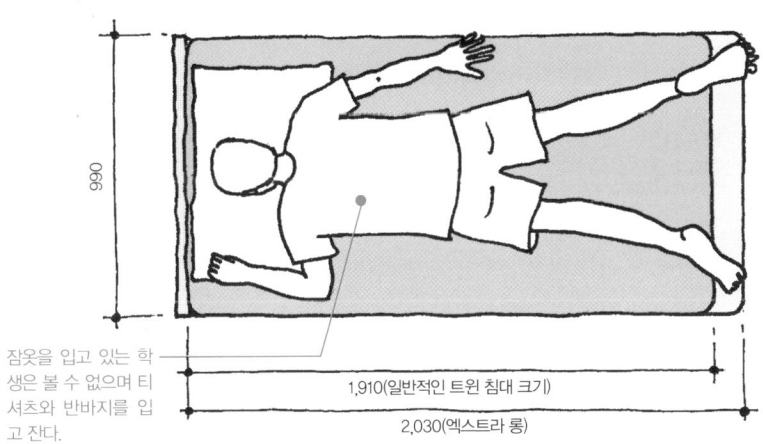

잠옷을 입고 있는 학생은 볼 수 없으며 티셔츠와 반바지를 입고 잔다.

990
1,910(일반적인 트윈 침대 크기)
2,030(엑스트라 롱)

침실과 서재

메리벨 산장 by 샤를롯 페리앙

마음이 편안해지는 작은 공간

휘장을 친 유럽의 침대. 원래 천장이 높은 거실에 놓여 있었기 때문에 찬바람이나 먼지를 막기 위해 휘장을 쳤다고 한다.

    유럽 귀족의 집에 가면 휘장을 친 침대를 볼 수 있습니다. 사방이 둘러싸인 상태가 마음이 편안해지는 것일까요. 일본에서도 헤이안 시대의 귀족은 사방에 휘장을 친, 천장이 낮은 침소에서 자거나 사방을 판자로 둘러싼 작은 방에서 잤습니다. 낮에는 넓은 공간을 좋아하고 밤에 잘 때는 사방이 막힌 좁은 곳이 마음이 안정되는 것은 어느 나라나 같은 모양입니다.
    페리앙이 건축한 산장의 2층에는 일본의 다다미와 비슷한 자리가 깔려 있습니다. 2층 한쪽에 바닥을 높이고 삼면을 벽으로 둘러싸서 잠을 자기 위한 특별한 공간으로 만들어 놓았습니다. 밤에는 커튼을 쳐서 사방이 둘러싸인 분위기에서 편안하게 자고, 아침에는 적당한 간격으로 트여 있는 천장으로부터 햇살이 비춰져 상쾌하게 잠에서 깰 수 있습니다.
    휘장이 달린 침대는 마음을 안정시키는 역할뿐만이 아니라 찬바람을 막아주는 실용적인 면도 있습니다. 지금도 침실이 좁으면 웃풍이 적어져 난방비를 아낄 수 있기 때문에 권하고 싶습니다.*

사방이 벽으로 둘러싸여 마음이 안정되는 공간

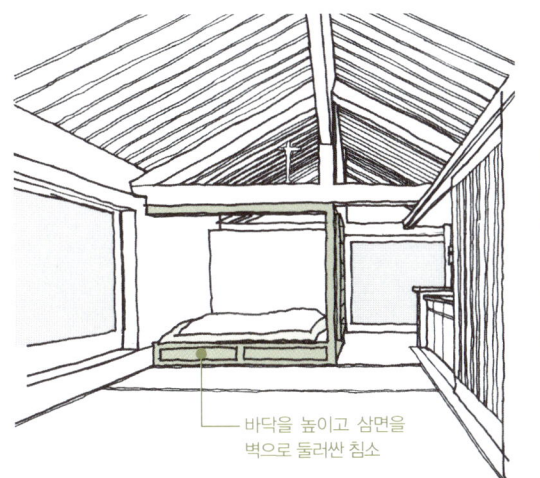

페리앙의 메리벨 산장

건물 자체는 프랑스의 전통적인 농민의 집을 본떠서 지었지만, 2층은 일본식으로 되어 있다. 바닥에 다다미와 같은 자리를 깔아놓았고, 침소에는 이불이 깔려 있다. 침소는 거실과 부엌 가까이에 있지만, 바닥을 높이고 벽으로 둘러싸서 특별한 곳이라는 분위기를 연출했다.

— 바닥을 높이고 삼면을 벽으로 둘러싼 침소

일본 헤이안 시대의 침소

귀족의 침소는 다다미를 두 장 나란히 깔고 네 모서리에 기둥을 세우고 휘장을 쳤다. 신분이 높은 사람은 검게 칠한 받침대를 배치하고 그 위에 다다미를 깔았다.

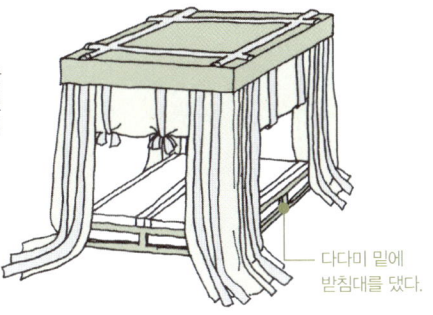

— 다다미 밑에 받침대를 댔다.

— 커튼을 달아놓으면 공기조절 효율성이 상승

벽감에 침대를

마음이 안정되고 친환경적인 침실 아이디어로 벽감에 침대를 배치하는 방법도 있다. 추운 계절에는 방 쪽으로 커튼을 치면 이불의 온기가 빠져나가지 않는다. 침대를 청소하기 편하도록 바퀴를 달아놓는 것이 포인트.

— 벽감에 설치한 바퀴 달린 침대

* 여름에는 커튼 대신에 모기장을 달아놓고 창문을 열면 한층 친환경적인 공간이 된다. 다만 아무것도 달지 않았을 때에 비해 더운 공기가 방안에 모여 있게 되니 적절하게 에어컨을 사용해야 한다.

침대 옆 사이드테이블 by 트루스 슈뢰더, 헤릿 릿벌트

침실은 잠만 자는 공간이 아니다

침대 옆에 사이드테이블이 없으면 물건이 너저분하게 쌓이게 된다.

    침실에 침대를 배치했으면 그 옆에 잊지 말고 사이드테이블을 놓아야 합니다. 잘 때 읽는 책, 음악 플레이어, 티슈, 스탠드 등이 난잡하게 바닥에 쌓이기 때문입니다.

    일반적인 침대용 사이드테이블은 넓이가 400~500mm가량 되고 침대 높이 정도 됩니다. 하지만 슈뢰더와 릿벌트가 디자인한 사이드테이블은 조금 길쭉한 모양입니다. 침대 쪽에는 선반, 반대쪽에는 서랍이 있으며 세 방향에서 사용할 수 있습니다. 또한 침실과 다른 공간을 나누는 낮은 칸막이벽 역할도 합니다. 길쭉하기 때문에 조금 멀리 배치해놓아야 침대에 눕기가 편하지만 갈아입을 옷을 올려놓을 수 있어 편리합니다.

침대 주위를 깔끔하게 만들어주는 가구

침대용
사이드테이블

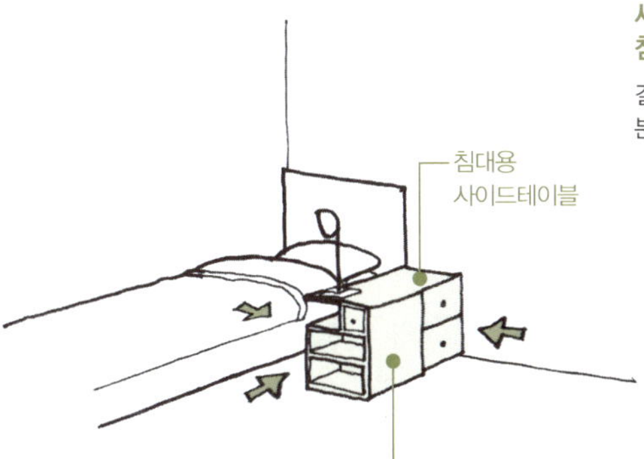

세 방향에서 사용할 수 있는 침대용 사이드테이블

길쭉한 모양이어서 '잠자는 공간'과 다른 공간을 분리하는 역할을 한다.

침대용 사이드테이블
잠자는
공간
책상

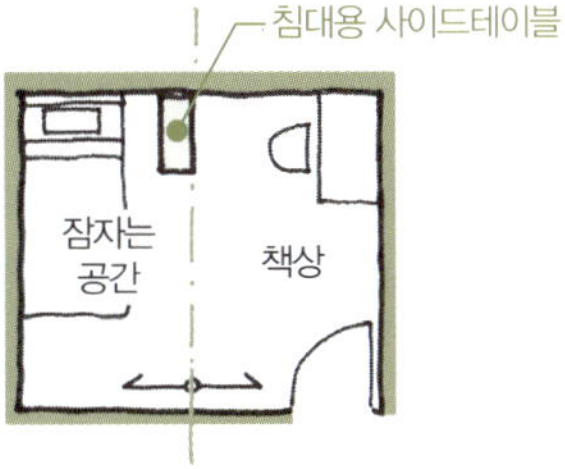

침대 옆에 다양한 물건을 놓을 수 있는 가구가 있으면 편리하다

스탠드나 책, 휴지나 음악 플레이어, 잡지 등은 선반이나 상판 위에 놓고 서랍에는 화장품이나 방음용 귀마개 등 생활용품을 넣는다. 침대 주위에는 다양한 물건들이 모이게 마련이다.

700
400
300

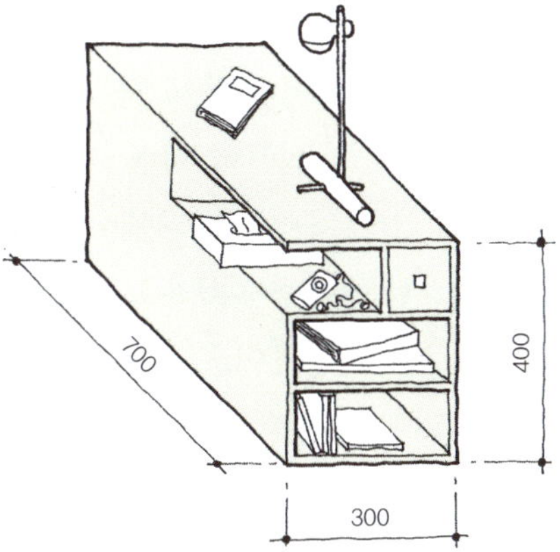

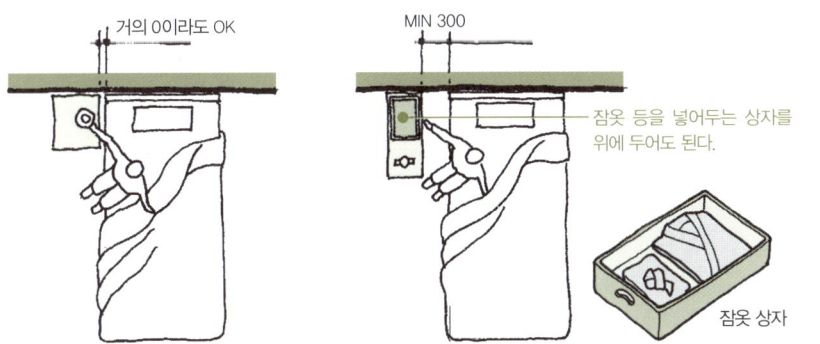

일반적인 침대용 사이드테이블 배치

거의 0이라도 OK

가늘고 긴 침대용 사이드테이블 배치

MIN 300
잠옷 등을 넣어두는 상자를
위에 두어도 된다.
잠옷 상자

E.1027 테이블 by 아일린 그레이

우아하게 아침을 맞이하게 해주는 가구

아침에 눈을 뜨면 따뜻한 침대 속에서 커피를 마시면서 천천히 몸을 깨우고 싶지 않나요? 이렇게 우아하게 아침을 시작하고 싶지만, 일반적인 사이드테이블은 침대와 거리가 있어서 커피를 올려놓고 마시기가 조금 불편합니다. 아침에 신문을 보면서 커피를 마시다가 이불에 엎지르기 십상이죠.

그레이가 디자인한 가구 중에서 지금도 인기가 식지 않는 가구가 있는데, 바로 E.1027 테이블입니다. 세련된 모양으로 요즘에는 거실의 사이드테이블로 사용되는 경우가 많은데, 사실 손님용 침실을 위해 디자인된 것입니다. 분주한 아침에 침대 속에서 커피를 마시며 잠깐이나마 여유로운 시간을 보낼 수 있게 배려한 마음 씀씀이가 보입니다. 한쪽에만 받침대가 있어 다리가 침대 아래에 들어가고, 높이도 조절할 수 있어 편안한 자세로 아침식사를 하거나 신문을 읽을 수 있습니다. 들고 다니기도 편해 거실 등으로 옮겨서 사용할 수도 있습니다.

유리와 크롬으로 만들어져서 차가운 느낌을 주지만 손님을 배려한 주인의 따뜻한 마음이 전달되는 테이블입니다.

일반적인 사이드테이블

침대에서 식사를 하면서 신문을 읽기에는 좀 불편하다.

손님을 배려한 따뜻한 마음이 느껴지는 E.1027 테이블

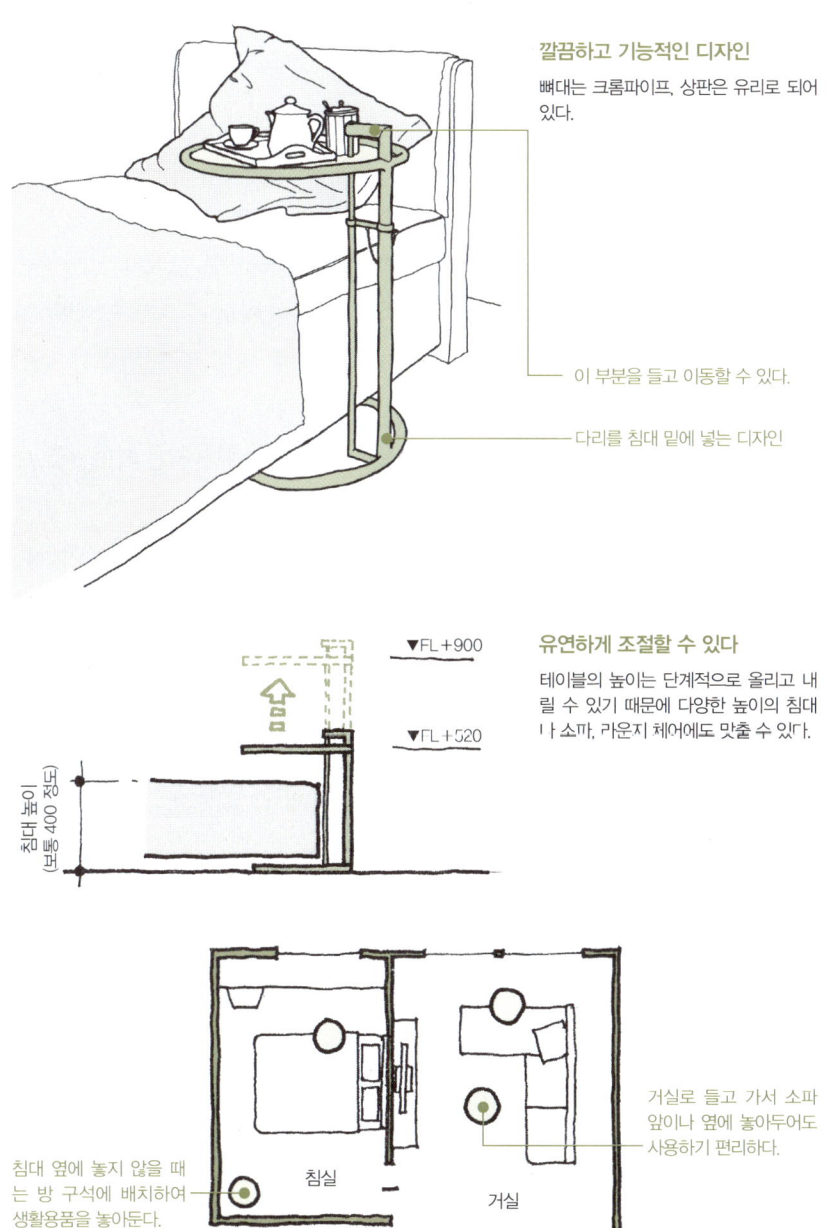

깔끔하고 기능적인 디자인
뼈대는 크롬파이프, 상판은 유리로 되어 있다.

- 이 부분을 들고 이동할 수 있다.
- 다리를 침대 밑에 넣는 디자인

유연하게 조절할 수 있다
테이블의 높이는 단계적으로 올리고 내릴 수 있기 때문에 다양한 높이의 침대나 소파, 라운지 체어에도 맞출 수 있다.

▼FL+900
▼FL+520

침대 높이(보통 400 정도)

침실 / 거실

- 침대 옆에 놓지 않을 때는 방 구석에 배치하여 생활용품을 놓아둔다.
- 거실로 들고 가서 소파 앞이나 옆에 놓아두어도 사용하기 편리하다.

도트·서클 패턴 by 레이 임스

덮어버리면 산뜻해진다, 베드 스프레드

간단하게 방의 분위기를 바꾸고 싶나요? 그렇다면 역시 방안에 있는 커튼이나 이불커버 등 직물을 교체하면 됩니다. 방을 둘러보면 알겠지만, 다양한 직물이 여러 곳에 쓰이고 있습니다. 특히 침실에는 여러 종류가 있으며, 그 전부를 바꾸는 것은 간단한 일이 아닙니다. 그럴 때 제일 좋은 방법은 보이지 않도록 덮어버리는 것이겠죠.

그 좋은 예로 호텔에서는 종종 베드 스프레드를 교체합니다. 베드 스프레드는 이불과 베개 위에 덮어놓는 두꺼운 천입니다. 원래는 낮에 침대 위에 앉거나 물건을 올릴 때 이불이 더러워지지 않게 덮어두는 것입니다. 여하튼 이불이나 베개가 어떤 색이든 베드 스프레드가 감추어 줍니다. 따라서 베드 스프레드를 바꾸기만 하면 방의 분위기를 다르게 만들 수 있겠죠. 낮에 쿠션 등을 올려놓으면 침대를 소파로 사용할 수도 있습니다. 또한 넓은 면적을 차지하는 베드 스프레드와 커튼의 색만 맞추어 놓아도 통일된 느낌을 주게 됩니다. 단순하고 개성 있는 천을 사용해서 분위기 있는 방을 만들어보시기 바랍니다.

직물은 다양하게 쓰인다

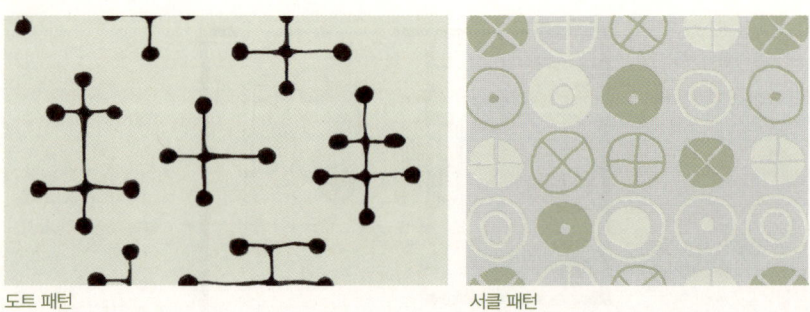

도트 패턴　　　　　　　　　　　　　　서클 패턴

레이 임스가 디자인한 단순하지만 재미있는 무늬의 직물. 커튼, 식탁보, 런치매트, 쿠션 등 다양하게 쓸 수 있다.

간단히 방의 분위기를 바꾸려면……

큰 천으로 침대를 덮는다

침실에서 쓰이는 다양한 직물의 색깔을 일일이 바꾸기는 어렵다.

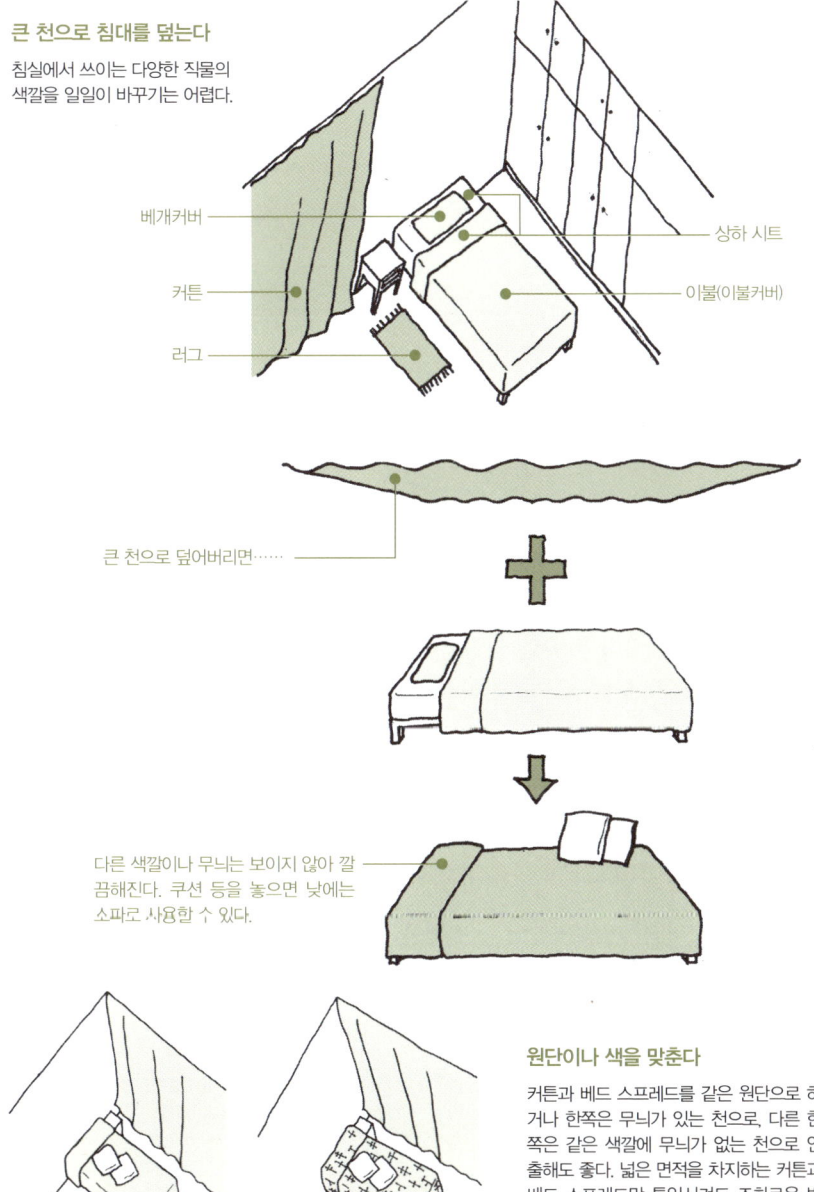

베개커버
커튼
러그
상하 시트
이불(이불커버)

큰 천으로 덮어버리면……

다른 색깔이나 무늬는 보이지 않아 깔끔해진다. 쿠션 등을 놓으면 낮에는 소파로 사용할 수 있다.

원단이나 색을 맞춘다

커튼과 베드 스프레드를 같은 원단으로 하거나 한쪽은 무늬가 있는 천으로, 다른 한쪽은 같은 색깔에 무늬가 없는 천으로 연출해도 좋다. 넓은 면적을 차지하는 커튼과 베드 스프레드만 통일시켜도 조화로운 방이 된다.

테이블스탠드 by 마리안느 브란트, 하인리히 브레덴딕

집중력을 높여주는 태스크 조명

칸뎀(Kandem) 사에서 발매된 테이블스탠드. 이 회사는 1928~1932년 사이에 바우하우스에서 디자인한 조명기구를 5만 개 이상이나 판매했다. 마리안느 브란트가 그 대부분을 디자인했다.

　긴장을 풀고 잡담을 나누거나 TV를 즐기는 거실은 기본적으로 조도가 그다지 높지 않은 조명이 좋은데, 만약 거기서 책을 읽거나 세밀한 작업을 하면 그 둘레를 밝게 해주는 조명이 필요합니다. 방 전체를 밝게 하는 조명을 앰비언트 조명이라고 하고, 눈으로 보면서 하는 작업을 위해 일부분만 밝게 하는 조명을 태스크 조명이라고 합니다.*

　태스크 조명의 대표선수는 책상에 놓는 데스크스탠드입니다. 서재나 공부방은 전체적으로 밝으면 집중력이 흐트러지기 때문에 작업하는 곳만 한정적으로 밝혀주어 집중력을 높이는 조명을 설치해야 합니다. 필요없을 때는 전등을 꺼두면 전기를 절약할 수 있습니다.

　브란트가 디자인한 테이블스탠드는 어디선가 본 듯한 정겨운 모양입니다. 대량생산을 목적으로 디자인되었으며 지금도 비슷하게 생긴 조명이 생산되고 있다는 것은 합리적인 디자인이기 때문이 아닐까요.

　눈에도 좋고 환경에도 좋은 데스크스탠드를 활용하면 일도 능률이 오를 것입니다.

방에 따라 밝기를 조절한다

일의 능률을 높여주는 서재

책상 위는 밝고 방 전체의 빛은 은은하게. 강약의 차이가 있는 편이 일을 할 때 집중력이 높아진다. 일을 하지 않을 때 태스크 조명을 꺼두면 전기를 절약할 수 있다. 또한 배후에서 비치는 빛이 강하면 눈앞에 그늘이 져서 어두워지니 주의해야 한다.

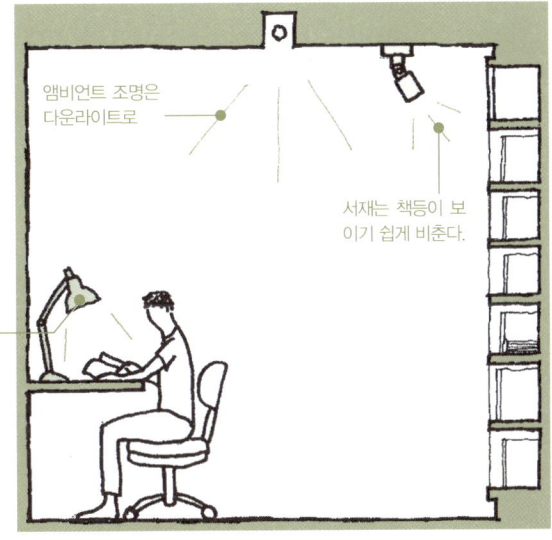

앰비언트 조명은 다운라이트로

서재는 책등이 보이기 쉽게 비춘다.

태스크 조명은 전등이 시야에 들어오지 않는 것을 선택한다.

서재에는 태스크 조명과 앰비언트 조명을 조합한다(태스크 앰비언트 조명).

잠이 잘 오는 침실

잘 준비를 할 때는 침대 등만 켜두면 된다. 약간 어두워야 잠이 잘 온다. 이불 속에 들어가고 나서 불을 끌 수가 있어 편리하다.

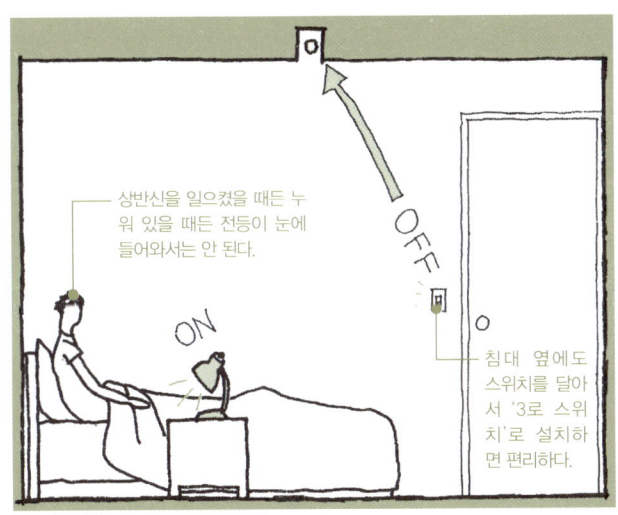

상반신을 일으켰을 때든 누워 있을 때든 전등이 눈에 들어와서는 안 된다.

침대 옆에도 스위치를 달아서 '3로 스위치'로 설치하면 편리하다.

머리 위의 브래킷 조명은 위로 향하게 한다.

방을 더 밝게 하고 싶으면 스탠드를 추가한다.

*태스크 조명에는 반짝거림이 적은 백열등이나 인버터 형광등을 권한다. 조도는 책상 750lx(PC를 사용하는 경우 500lx)가 기준.

COLUMN 7

여성에 대한 배려를 거부했던, 일하는 여성의 모범

샤를롯 페리앙
Charlotte Perriand(1903-1999)

샤를롯 페리앙은 혼자서 찍은 사진이 별로 없으며 대체로 여러 남성과 함께 찍은 사진이 많습니다. 남성들과 자연스럽게 어울려서 일하는 그녀의 모습을 잘 보여주고 있습니다.

페리앙은 수많은 일류디자이너와 한 팀이 되어 디자인 작업을 했습니다. 르 코르뷔지에, 피에르 잔느레, 사카쿠라 준조, 호세 루이스 세르트, 장 프루베, 화가 페르낭 레제 등등. 이런 개성이 강한 디자이너들과 오랫동안 좋은 관계를 유지하며 그들에게 다시 함께 일하고 싶은 생각을 갖게 했습니다. 그것은 디자이너로서 뛰어난 능력과 더불어 인간적인 매력이 그녀에게 있었기 때문이 아닐까요.

페리앙은 몸집이 작고 귀여운 얼굴의 여성이었지만, 못하는 스포츠가 없었으며 적극적이고 활동적이었습니다. 취미는 스키와 수영이었으며 특히 잔느레, 사카쿠라, 프루베와 같은 취미였던 스키는 프로급 실력이었습니다. 스키를 좋아하던 그녀는 훗날 스키 리조트를 개발하는 일을 하게 되는데, 이 또한 팀워크로 완성했습니다.

말이 통하지 않는 일본에 디자인 고문으로 초빙 받았을 때도, 일본인 팀 동료들과 스키를 즐겼으며, 일본의 풍습을 존중해 당시 혼욕이었던 온천에도 태연하게 들어가 즐겼다고 합니다. 남성과 동등하게 스포츠를 즐길 수 있는 체력과, 여성이라는 이유로 배려 받기를 원하지 않는 활달하고 적극적인 성격은 그녀가 일을 하는 데 큰 도움이 되었을 겁니다.

오로지 전진뿐. 코르뷔지에는 자신의 사무실에서 페리앙이 담당했던 가구를 자신과 잔느레, 그리고 그녀 세 사람의 공동작품으로 발표했습니다. 사무실의 한 직원에 불과했던 그녀가 작품에 미친 공헌을 공적으로 인정해준 것입니다. 당시에는 드문 일이었으며 그녀의 경력에 상당히 큰 도움이 되었습니다.

하지만 그녀는 개인적인 명성을 얻는 데는 무관심했습니다. 이 책에 등장하는 그녀의 작품들 중에는 벽걸이 변기나 유닛 가구 등 지금도 일상적으로 사용되는 것들이 많이 있는데, 그것들을 처음 생각해낸 사람이 페리앙이란 사실을 아는 사람은 거의 없습니다. 심지어 그녀가 디자인한 가구 중에는 다른 사람의 작품으로 인정받고 있는 것도 있습니다.

그녀는 디자인을 하는 과정에서는 확실하게 자신의 생각을 주장했지만, 일단 작품이 완성되면 자신의 공적을 내세우기보다 새로운 디자인으로 눈을 돌렸습니다. 팀워크로 창작하는 것, 그리고 늘 전진하는 것에만 관심이 있었기 때문이겠죠. 남성들에게 기죽지 않고 당당하게 일했던 페리앙. 일하는 여성의 모범이 되는 멋진 여성입니다.

▶ 르 코르뷔지에(Le Corbusier:1887-1965, 본명 Charles-Edouard Jeanneret-Gris) 근대 건축의 4대 거장 중 한 명으로 빌라 사보아, 마르세이유 주거단지 등 수많은 명작 건축 외에 자신의 건축 사상을 담은 책도 다수 남겼다. '인간을 위한 건축'으로 여전히 많은 사람들에게 칭송받고 있는 현대 건축의 거장이다.
▶ 피에르 잔느레(Pierre Jeanneret: 1896-1967) 코르뷔지에의 사촌으로 가장 중요한 파트너이기도 했다. 공적으로도 사적으로도 페리앙과 친한 사이였다.
▶ 장 프루베(Jean Prouve: 1901-1984) 프랑스의 건축가이자 디자이너. 건축의 공업화에 힘을 기울였으며, 직접 가구 제조공장을 세우고 건축부재 개발에 힘썼다.

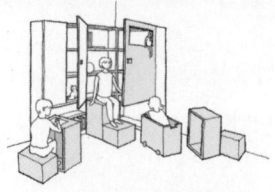

아이들 방에 대하여
나이와 필요한 공간의 크기는 비례하지 않는다

사람은 일반적으로 50cm도 안 되는 키로 태어나서, 성인이 되면 세 배 이상 자랍니다. 아이와 함께 사는 집을 설계할 때는 아이가 커가면서 필요한 공간도 생각해야 합니다. 이때 아이에게 필요한 면적은 단순하게 나이에 비례하지 않으며 나이에 따른 특징적인 행동에 따라 달라지기 때문에 주의해야 합니다.

어느 보육원에 필요한 최소한의 면적을 살펴보고자 합니다. 침대에 누워 있기만 하는 갓난아기에게는 아기를 돌봐주는 공간을 포함해서 $1.7m^2$(0.5평) 가량이 필요하지만, 아이가 기어다니게 되면 그 두 배의 면적이 필요합니다. 하지만 만 두 살이 넘으면 필요한 면적은 줄어들고, 갓난아기 때와 비슷한 면적으로 돌아갑니다. 이것은 필요한 면적이 나이에 따른 특징적인 행동에 따라 달라지기 때문입니다.

집을 지을 때는 아이의 미래를 예측하고 계획을 세우는 것이 포인트입니다. 가령 어렸을 때는 아이들 방이 없어도 됩니다. 형제가 함께 쓰는 큰 방을 만들 때는 거실 가까이에 배치하면 놀 수 있는 공간이 넓어지고 가족 간의

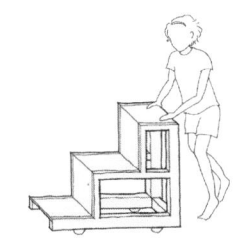

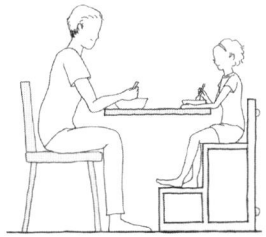

교류도 잦아집니다

 아이들이 사춘기가 되면 자기 방을 원할지도 모릅니다. 형제가 쓰는 방에 칸막이벽을 설치하여 개인적인 공간이 생기도록 미리 계획을 세워두면 유연하게 대응할 수 있습니다. 지나치게 편한 방은 아이들이 틀어박혀있기 십상이기에 완전하게 독립된 방으로 만들지 않는 편이 좋을 수도 있습니다.

 아이의 성격, 성별, 나이에 따라 필요한 공간이 달라지고, 미래의 가능성을 모두 예측하기도 어렵지만, 아이들과 함께 성장해나갈 수 있는 집을 만들어야 합니다.

아이의 성장에 대응할 수 있는 방으로

한 살 아이가 두 살 아이보다 넓은 공간이 필요

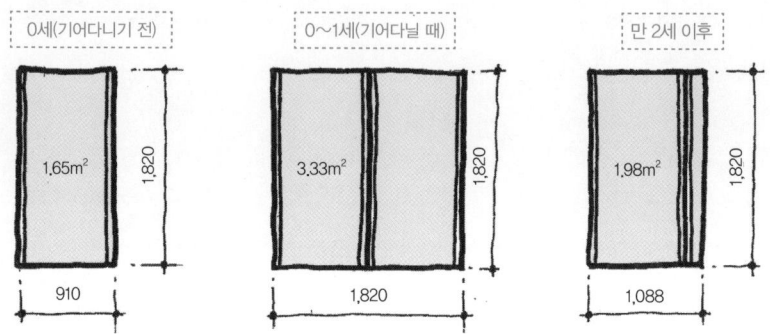

주: 일본 아동복지시설의 최저 기준에 의해 보육원 실내에서 필요한 최소한의 공간(연령별)

기어다니기에는 꽤 넓은 면적이 필요

3~4세 아이가 걸어다니는 데 필요한 면적보다 유아가 기어다니는 데 더 넓은 면적이 필요하다. 일반적으로 태어난 지 1년이 지나면 두 다리로 걷기 시작하지만, 처음에 불안정해서 잘 넘어지기 때문에 좁으면 위험하다. 그리고 유아기(2~3세 정도)는 단체행동에 서투르기 때문에 1인당 면적을 크게 확보해야 한다.

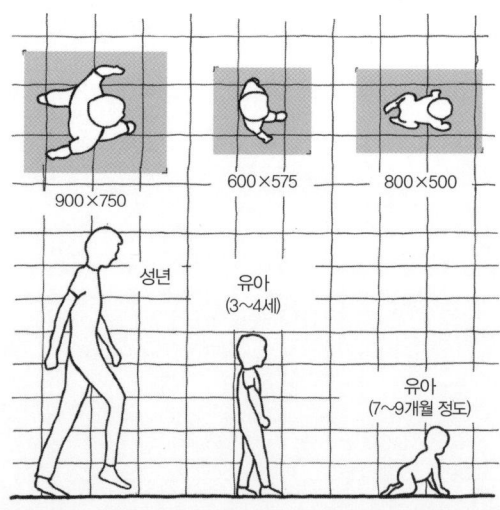

아이들 방의 변천 사례

거실 옆에 아이들 방을 배치한 예. 아이의 성장에 따른 변화에 대응할 수 있도록 가구 배치를 이용해서 공간을 만들도록 계획한다.

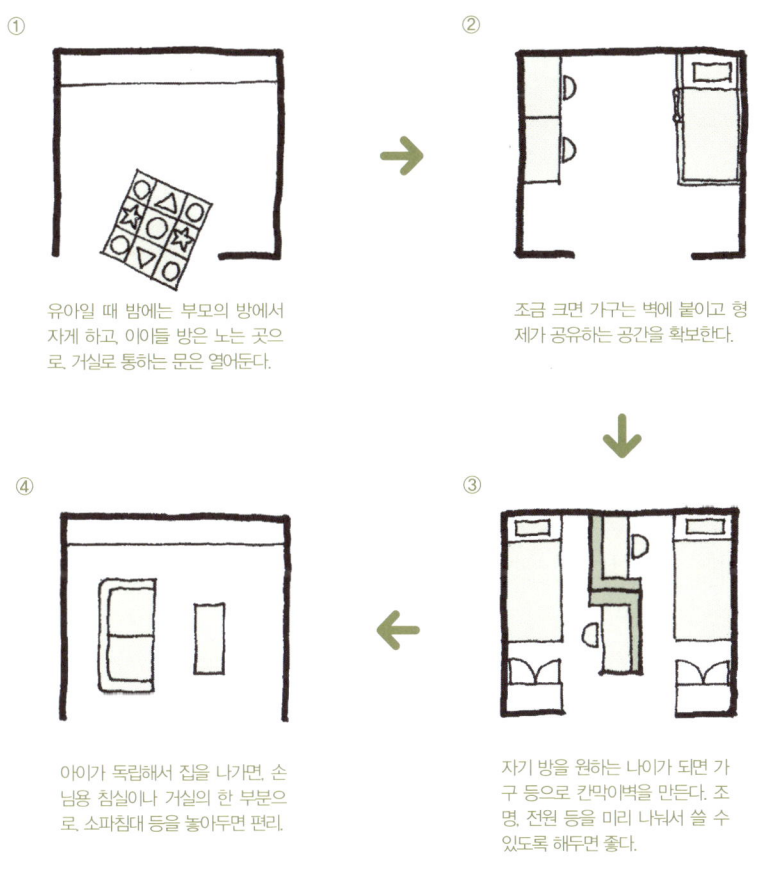

① 유아일 때 밤에는 부모의 방에서 자게 하고, 아이들 방은 노는 곳으로 거실로 통하는 문은 열어둔다.

② 조금 크면 가구는 벽에 붙이고 형제가 공유하는 공간을 확보한다.

③ 자기 방을 원하는 나이가 되면 가구 등으로 칸막이벽을 만든다. 조명, 전원 등을 미리 나눠서 쓸 수 있도록 해두면 좋다.

④ 아이가 독립해서 집을 나가면, 손님용 침실이나 거실의 한 부분으로, 소파침대 등을 놓아두면 편리.

아이용 장롱 by 알마 부셔

놀면서 정리한다

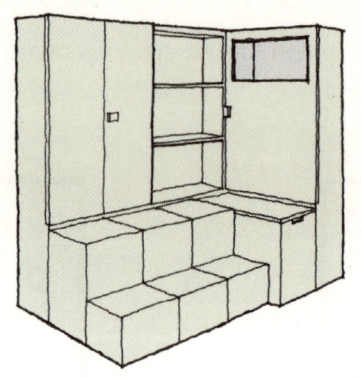

아이의 장롱이 정리된 상태. 퍼즐처럼 조립할 수 있기 때문에 즐겁게 정리할 수 있어 의욕이 생긴다.

어린 아이들은 시야에 들어오는 곳에서 놀게 하고 싶어도 장난감 등으로 거실을 어지럽히기 때문에 곤란합니다. 이런 아이들에게 정리하는 습관을 배우게 할 수 있는 좋은 방법은 무엇일까요? 정리를 재미있게 할 수 있는 구조를 만들면 되지 않을까요?

바우하우스 출신의 디자이너 알마 부셔(154쪽 참조)가 디자인한 이 장롱은 단순한 수납장이 아닙니다. 아이들 키에 맞춘 다양한 크기와 기능의 나무 상자(MDF제)로 구성되어 있어서,* 이 자체가 장난감도 됩니다. 가령 앞쪽에 놓여 있는 크고 작은 상자는 의자나 책상으로도 쓸 수 있으며, 커다란 나무 블록으로 가지고 놀 수도 있고, 전부 이어놓으면 무대로 활용되는 등 아이들의 상상력을 일깨워주는 아이디어가 반짝이는 장난감인 것입니다. 실컷 논 뒤에는 아이들이 상자를 조립하면서 정리를 놀이의 연장으로 여기며 즐겁게 할 수 있도록 만들어져 있습니다.

부모 근처에 있으면서 자신의 공간을 갖고 싶어 하는 마음을 충족시켜주기 때문에 자립심을 기르는 데도 도움이 됩니다.

아이의 자유로운 성장을 돕는 가구

상상력을 길러주는 장난감 상자

부셔가 디자인한 장롱은 다양한 방법으로 놀 수가 있으며, 정리도 놀이처럼 할 수 있다.

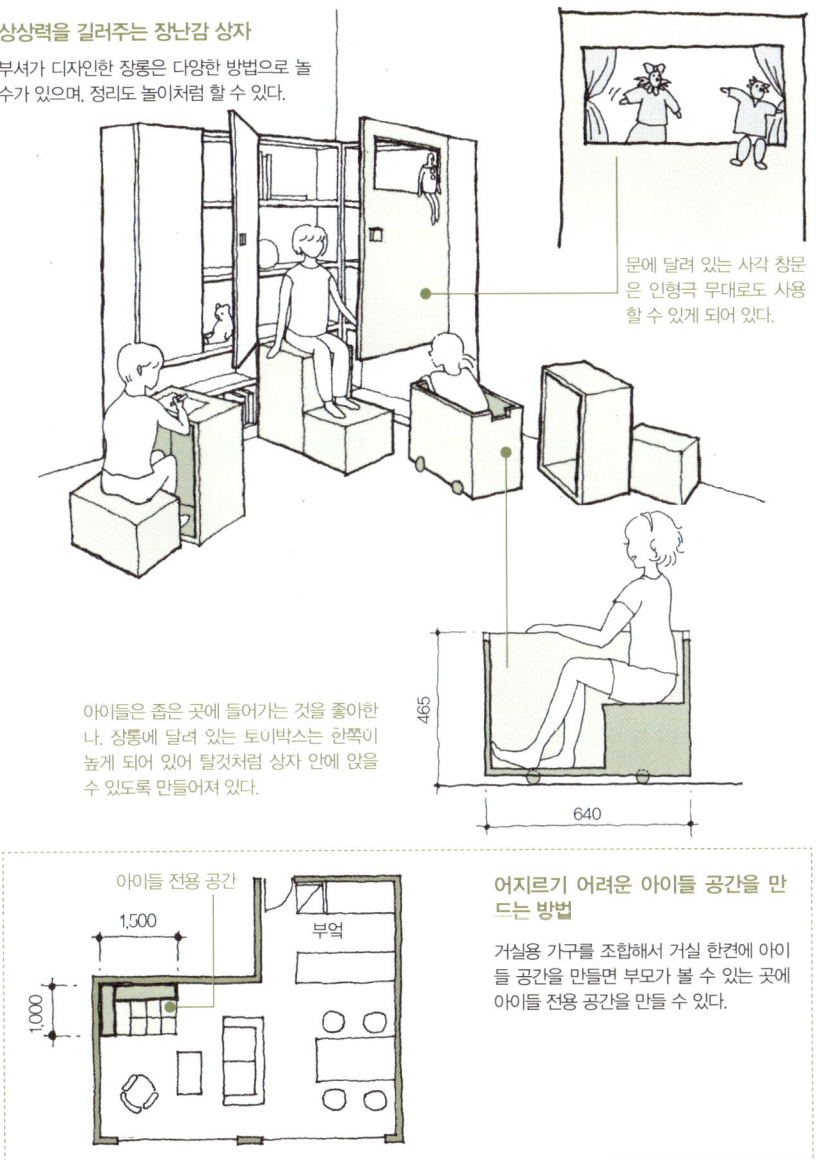

문에 달려 있는 사각 창문은 인형극 무대로도 사용할 수 있게 되어 있다.

아이들은 좁은 곳에 들어가는 것을 좋아한다. 장롱에 달려 있는 토이박스는 한쪽이 높게 되어 있어 탈것처럼 상자 안에 앉을 수 있도록 만들어져 있다.

어지르기 어려운 아이들 공간을 만드는 방법

거실용 가구를 조합해서 거실 한켠에 아이들 공간을 만들면 부모가 볼 수 있는 곳에 아이들 전용 공간을 만들 수 있다.

* MDF(Medium Density Fiberboard)는 섬유질을 고온에서 뽑아내어 접착제를 섞어 굳힌 소재로, 저렴하고 가벼운 데다 가공하기에도 쉬워 다양한 가구에 사용된다. 아이들이 사용하는 가구는 모서리를 둥글게 해두면 다칠 위험이 줄어들어 좋다.

M. J. Muller 주택의 아이들 방 by 트루스 슈뢰더, 헤릿 릿벌트

바닥의 높이를 달리해 공간을 분리한다

집이 좁아서 아이들 방을 따로 만들 수 없는 상황에서 아이들이 부모의 간섭을 받고 싶지 않은 나이가 되었을 때는 서로의 존재가 귀찮게 여겨지지 않도록 바닥을 낮추거나 높여서 아이들 공간을 만드는 방법이 있습니다.

한 예로 슈뢰더와 릿벌트는 바닥을 300mm 정도 내려서 아이들 공간을 만들었습니다. 키 낮은 장롱 등으로 느슨하게 둘러쌓아 두면, 아이들은 조금 위에 있는 부모의 눈이 신경 쓰이지 않고 자신만의 공간에 있는 듯한 기분이 듭니다.

거실 바닥을 내리기가 어려운 아파트나 기존에 만들어진 주택은 반대로 바닥을 높여서 아이들의 공간을 만듭니다. 침대나 책상 위에 아이들 공간을 만드는 것이죠. 천장은 높일 수 없으니 앉든지 누워서 지낼 수밖에 없겠지만, 다락방이나 은신처와 같은 공간이 생깁니다.

이렇게 바닥의 높이가 달라도 같은 공간에서 생활하면 서로의 분위기를 느끼며 상태를 엿볼 수 있습니다. 개인 방을 만들어서 아이들 영역을 확실하게 구분을 짓는 것보다 바닥의 높이를 달리 해서 느슨하게 영역을 구분함으로써, 떨어져 있지도 붙어 있지도 않는 관계를 만드는 것이 좋을지도 모릅니다.

은신처와 같은 공간
기존에 만들어진 주택은 바닥을 내리기가 어렵기 때문에 침대나 책상 위에 아이들 전용 공간을 만드는 방법이 있다. 천장이 낮아지지만 아이들은 부모에게서 조금 떨어진 곳에서 편하게 놀 수 있고, 부모도 아이들의 기척을 느낄 수 있다.

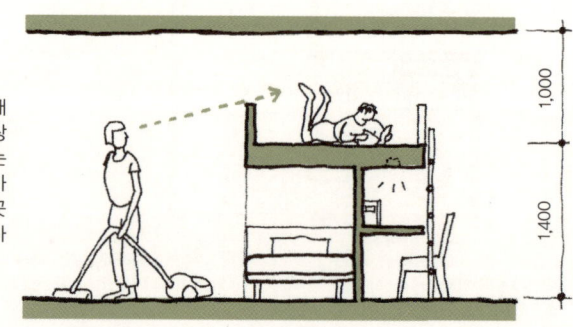

바닥의 높이를 다르게 하는 방법

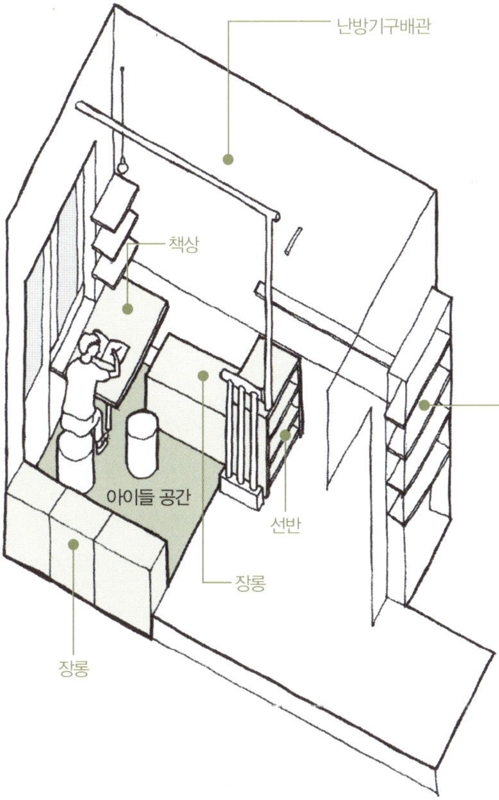

느슨하게 아이들의 영역을 만든다

M. J. Muller 주택의 아이들 공간. 바닥이 내려가 있으며, 장롱이나 책상 등으로 아이들의 영역을 만들어주었다.

- 난방기구배관
- 책상
- 아이들 공간
- 선반
- 장롱
- 장롱
- 책장

바닥을 내려서 아이들 공간을 만든다

바닥을 낮추면 부모와 아이들이 보는 시선의 높이가 달라지고, 아이들은 부모의 존재가 그다지 눈에 들어오지 않게 된다.

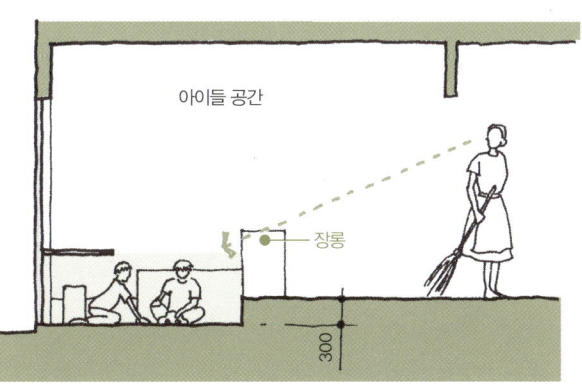

- 아이들 공간
- 장롱
- 300

사다리 의자 by 알마 부셔

먹을 때도 놀 때도 아이와 함께

아이들 방

2~3세가량의 아이는 부모의 도움 없이 혼자서 하고 싶은 일이 많아집니다. 그렇게 나날이 높아지는 '의욕'을 북돋워주어서 자립할 수 있게 해주면 좋겠지요. 아이의 자립을 돕는 한 방법으로 아이가 할 수 있는 범위의 '일'을 줍니다.

부셔가 디자인한 사다리 의자는 그런 아이의 성장을 돕기 위한 가구입니다. 언뜻 계단 모양의 상자로만 보이지만, 아이의 상상력에 따라서는 다양하게 보이고 가지고 놀 수 있도록 궁리되어 있습니다. 밥 먹을 때는 이 장난감을 다이닝룸으로 가지고 오게 하는 '일'을 부탁합니다. 바퀴가 달려 있기 때문에 아이들도 쉽게 옮길 수 있습니다. 90도로 넘기면 어른과 같은 높이로 식탁에 앉을 수 있는 높이가 됩니다. 계단 모양으로 되어 있기 때문에 조금만 도와주면 혼자서 앉을 수가 있습니다.

놀 때든 밥을 먹을 때든 사용하는 자신만의 가구. 성장해서 불필요해지면 간단하게 바퀴를 떼어내고 발판으로 사용할 수 있도록 설계되어 있으며, 물건을 소중히 오래 사용해야 한다는 점을 가르쳐주는 가구입니다.

부모의 도움 없이 혼자 할 수 있는 일을 늘여준다

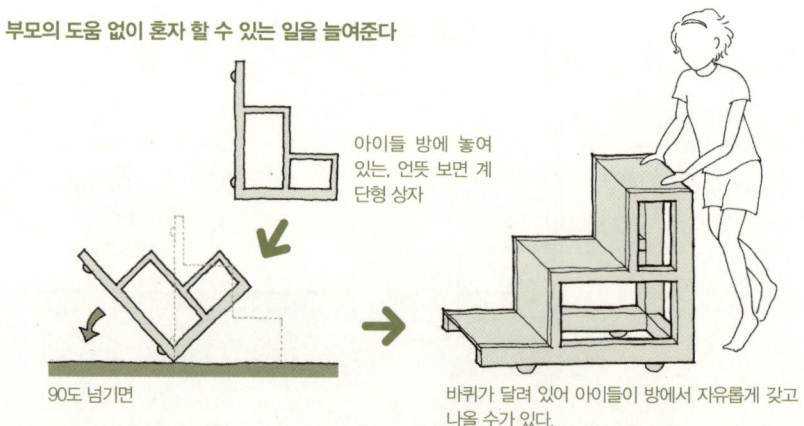

아이들 방에 놓여 있는, 언뜻 보면 계단형 상자

90도 넘기면

바퀴가 달려 있어 아이들이 방에서 자유롭게 갖고 나올 수가 있다.

아이들의 성장에 따라 가구의 용도가 바뀐다

자신의 물건이란 의식을 심어준다

2~3세가량의 아이들은 자신만 아이 취급을 받는 것을 싫어하는 나이이기도 하다. 어른과 같은 식탁에 앉아 함께 식사를 하면서, 사람들과 함께 즐겁게 식사하는 방법을 배우게 된다.

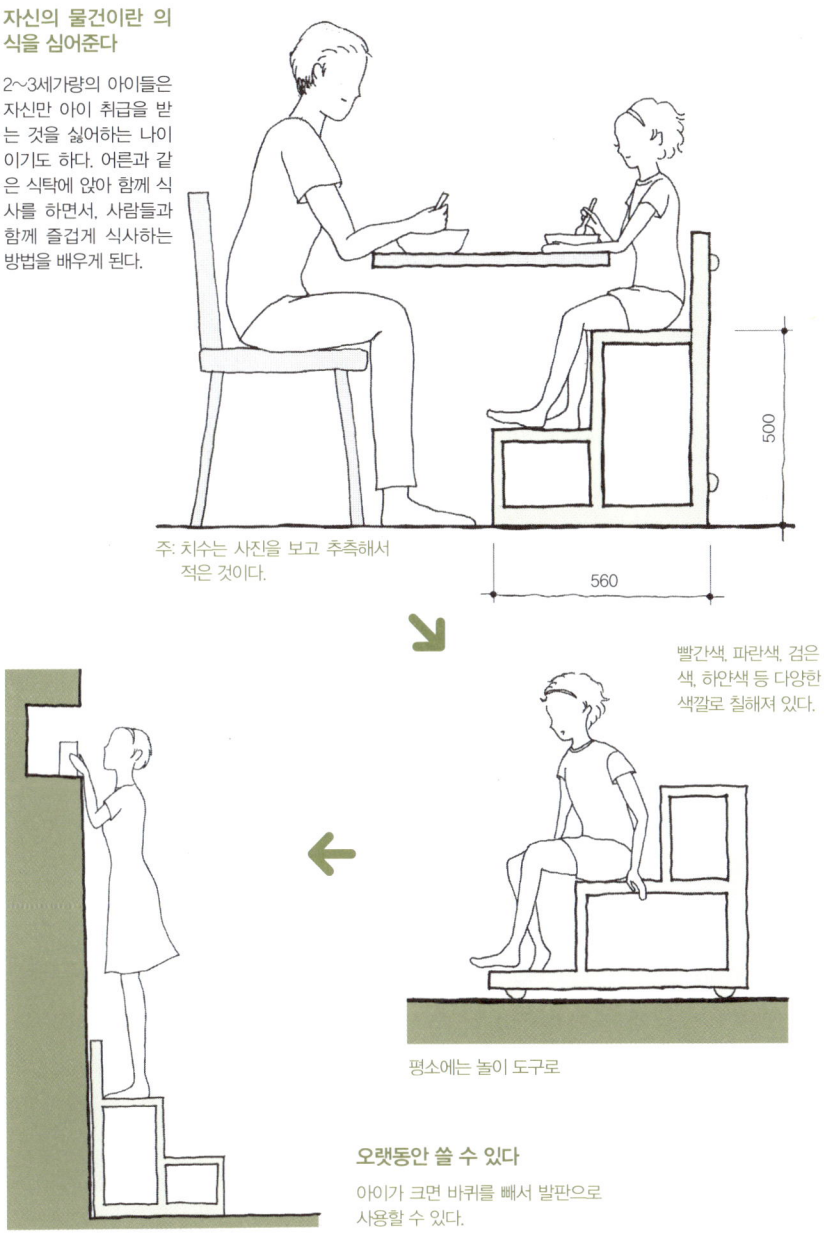

주: 치수는 사진을 보고 추측해서 적은 것이다.

빨간색, 파란색, 검은색, 하얀색 등 다양한 색깔로 칠해져 있다.

평소에는 놀이 도구로

오랫동안 쓸 수 있다

아이가 크면 바퀴를 빼서 발판으로 사용할 수 있다.

아이들 방

토이 박스 by 아이노 알토

아이와 함께 성장하는 가구

옷은 작아지면 사서 입을 수가 있다.
하지만 가구는 새로 구입하기가 어렵다.

　아이들이 커서 옷이 작아지면 입을 수 없게 됩니다. 가구도 아이들이 크면 사용할 수가 없어지지만 옷처럼 가볍게 갈아치울 수는 없습니다. 아이의 몸에 맞는 작은 가구를 구입해서 아이와 함께 성장할 수는 없을까요.
　아이노 알토는 책상으로도 사용할 수 있는 장난감 수납상자를 디자인했습니다. 두 개의 선반과 상판으로 구성되어 있습니다. 평소에는 장난감을 넣어두는 수납장으로 선반을 나란히 배치해두고, 그 선반을 좌우로 벌려 놓으면 책상으로 변신합니다. 선반과 상판 사이에 상자를 끼워 넣어 아이들 성장에 맞춰서 조금씩 높이를 조절할 수 있습니다. 게다가 방의 넓이에 따라 다양하게 배치할 수 있습니다. 선반과 상판이 고정되어 있지 않기 때문에 배치는 물론 높이도 유연하게 조절할 수 있습니다.
　아이용 가구를 성인이 되어도 사용할 수 있는, 단순하고 품질이 좋은 가구를 소중히 여기는 북유럽의 정신을 느낄 수 있는 편리한 가구입니다.

재조합해서 형태를 바꿀 수 있는 가구

유연하게 모양을 바꿀 수 있는 장난감 수납상자

평소에는 장난감 등을 넣어두는 선반으로 벽에 나란히 붙여두고, 선반을 좌우로 떼어놓으면 아이들 책상이 되는 아이노 알토의 '토이 박스(Toy Box)'. 아이의 성장에 맞춰서 선반과 상판 사이에 서랍 등을 끼워 넣으면 어른이 되어서도 책상으로 사용할 수 있다.

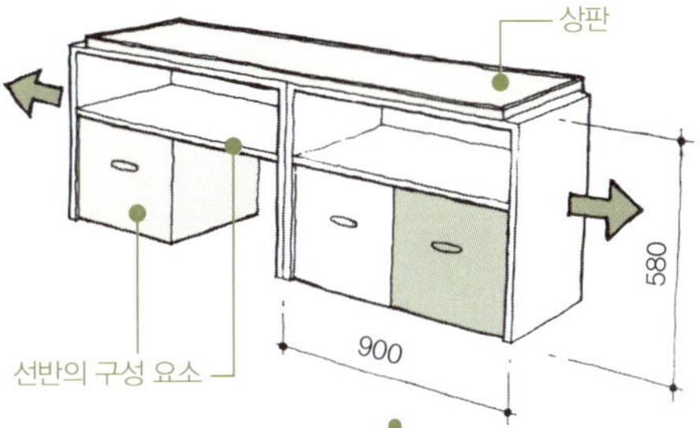

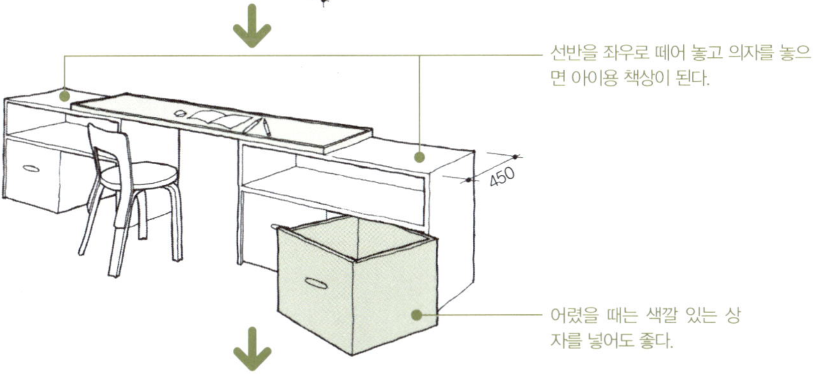

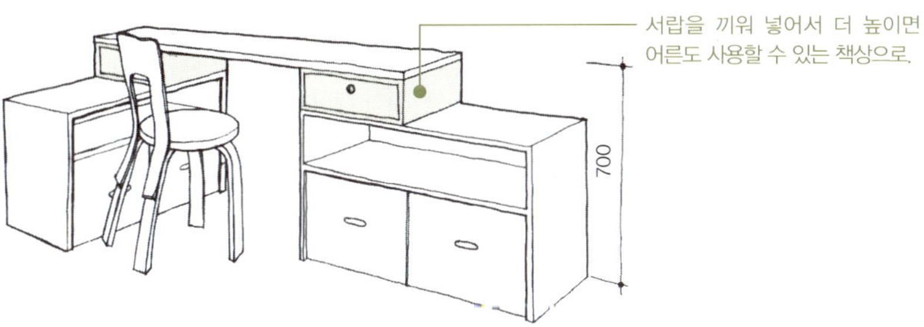

마음에 드는 대로 배치를 할 수 있다

일반적인 주택에서 사용하기에는 좀 크기 때문에 이 아이디어를 응용할 때는 평면적인 사이즈를 검토할 필요가 있다.

① 장난감 수납상자로 사용한다.
② 책상으로 사용한다(배치할 때 필요한 치수가 다르다).

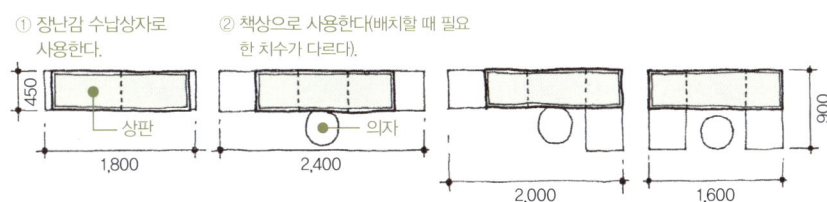

COLUMN

남성 중심이었던 바우하우스의 편견을 넘어선 여성 디자이너

알마 부셔
Alma Buscher Siedhoff
(1899-1944)

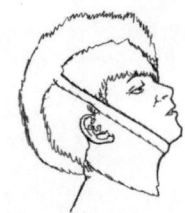

마리안느 브란트
Marianne Brandt
(1893-1983)

바우하우스는 여성에게도 기회를 주는 자유로운 예술학교라는 인상이 있지만, 실제로는 직물공방에만 들어갈 수 있었습니다. '여성은 2차원의 디자인밖에 못 한다'는 편견을 극복하고 활약한 디자이너를 소개합니다.

마리안느 브란트는 바우하우스의 금속공방에 들어가기 위해 그림과 조각을 배운 경험을 내세웠습니다. 매우 뛰어난 조형감각을 지닌 금속공방의 교수였던 모호리 나기에게 실력을 인정받고, 그가 떠난 뒤 책임자로 임명되었습니다.

한편 알마 부셔는 학장 발터 그로피우스를 직접 찾아가서 가구를 제작하고 싶다고 말했습니다. 성과를 시험받는 전시회에서 발표한 '아이용 장롱'(146쪽)이 큰 반향을 불러일으켰으며, 이윽고 가구공방에 들어갈 수 있게 되었습니다(정식으로 편입된 것은 그로부터 2년 뒤).

바우하우스에서 제작되고 판매된 디자인 중에서도 그녀들의 작품은 인기가 좋아 상업적으로도 공헌을 했다고 합니다. 오로지 실력 하나로 길을 연 두 사람의 디자인은 바우하우스를 대표하는 작품이 되었습니다.

▶ 바우하우스(Bauhaus) '건축의 집'이라는 뜻으로 1919년 독일에 설립된 학교. 미술과 건축에 관한 종합적인 교육을 실시했다.

▶ 발터 그로피우스(Walter Gropius: 1883–1969) 르 코르뷔지에·프랭크 로이드 라이트·미스 반 데어 로에와 함께 근대 건축의 4대 거장 중 한 명으로, '바우하우스'의 창립자이자 초대 교장(1919–1928)을 거쳐 하버드대 디자인대학원장을 역임했다.

작은 공간은
어딘가 다르게

현관, 화장실, 수납, 칸막이

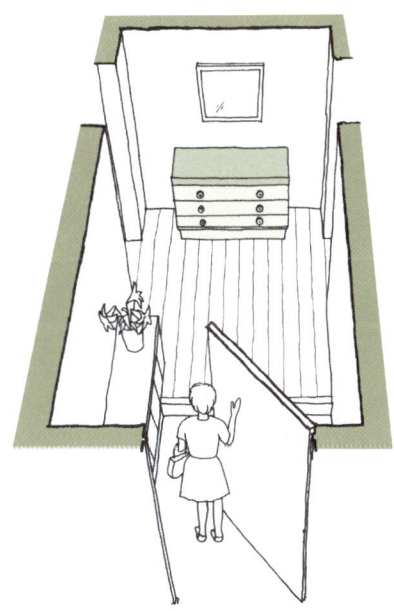

작은 공간에 대하여
빛은 보여도 전구는 보이지 않게

    호텔 로비에 가면 조명기구는 보이지 않는데 벽이나 천장이 밝게 빛나서 안정된 분위기를 느낄 수 있습니다. 이것은 광원이 직접 시야에 들어오지 않게 설치해서 간접조명의 효과를 얻는 '건축화조명'이란 조명방법을 썼기 때문입니다. 건축화조명은 조금이라도 광원이 보이면 말짱 도루묵입니다. 처음 계획을 세울 때 부분적으로 광원이 보이는 방향이 없도록 세밀하게 검토해야 합니다. 특히 계단 주변이나 포치, 베란다 등에서는 예상치 못한 각도에서 보일 수 있기 때문에 주의해야 합니다. 도저히 광원을 숨길 수가 없는 경우에는 아크릴판을 이용해 가리는 방법도 있습니다.

    전구 가리개는 어느 정도 높이가 필요하고, 또한 전등 교환 등 관리를 하기 위한 넓이도 확보해두어야 합니다. 적절한 높이는 전등의 종류에 따라 변하기 때문에 전구 자체의 높이나 교환 방법 등을 확인할 필요가 있습니다.

    광원은 주로 형광등이며, 세로로 나열하면 빛이 나지 않는 소켓 부분에서 빛이 끊어지게 됩니다. 소켓 부분을 겹쳐서 나열하든지, 소켓이 없는 유형의 형광등(Seemlessline)을 사용하는 등 상황에 따라 대책을 세워야 합니다.

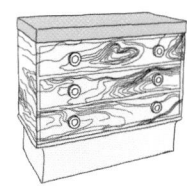

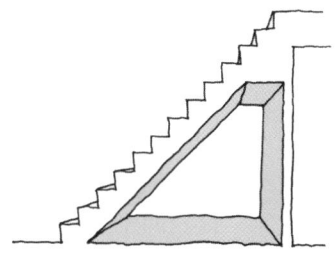

 건축화조명은 경사가 진 천장이나 둥근 천장에 적합합니다. 그런 경우 전등을 낮게 설치하고 높은 쪽으로 비추면 멀리까지 빛이 퍼져나가게 됩니다. 천장이나 벽면의 내장재는 빛을 반사하기 쉬운 색깔이나 소재를 선택하면 간접조명의 효과가 높아집니다. 다만 표면이 평평하고 매끄럽지 않으면 거칠한 면이 두드러지게 보입니다.*

 건축화조명은 안정적인 분위기가 필요한 거실이나 침실, 계단 등에 사용하면 효과적입니다. 광원은 벽이나 천장에 설치하든지, 가구나 커튼박스 위에 배치하는 등 응용이 가능합니다. 적절하게 광원을 숨겨서 아름다운 빛을 비출 수 있는 방법을 생각해야 합니다.

---

* 천장 보드의 줄눈에 한랭사를 붙이고 퍼티를 바른 뒤에 도장을 하면 줄눈이 두드러지지 않는다. 미리 시공자에게 간접조명을 사용할 계획을 설명하여 신경 써서 작업해달라고 부탁한다.

전구를 보이게 하지 않는다

광원을 보이게 하지 않는 것이 중요하다. 예기치 못한 각도에서 보이는 경우가 없도록 주의 깊게 살펴봐야 한다. 아무래도 감출 수가 없는 경우에는 아크릴판으로 막는다.

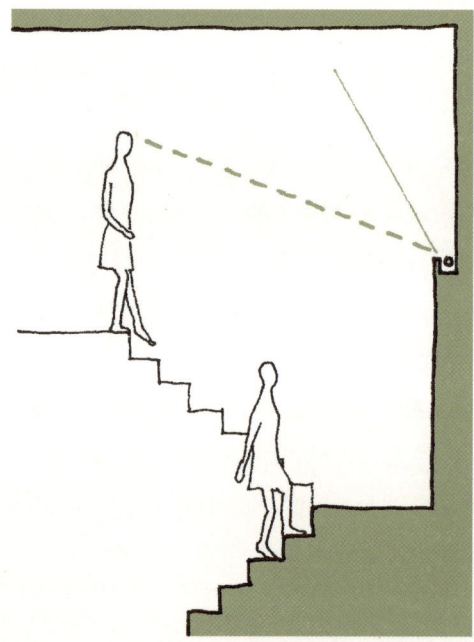

건축화조명의 포인트

반사판은 하얀색으로

조명박스 속의 빛이 반사하는 면을 하얀색으로 칠하면 조명효과가 높아진다. 다만 열이 나기 때문에 비닐 소재 벽지는 쓰지 않는다.

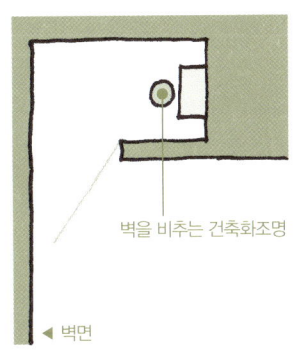

▲ 벽면
벽을 비추는 건축화조명

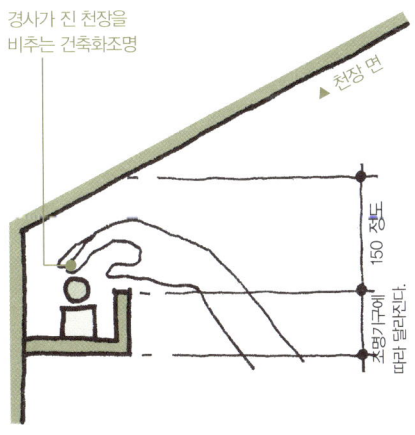

경사가 진 천장을 비추는 건축화조명
▲ 천장 면

전구를 교체할 수 있는 공간을 확보한다

전등을 교체할 때 손이 들어가도록 간격을 적당히 비워둔다. 전구를 설치하는 방향도 교환하기 쉬운 쪽으로 정한다.

수납장 by 아일린 그레이

어서 오라고 맞이하는 수납장

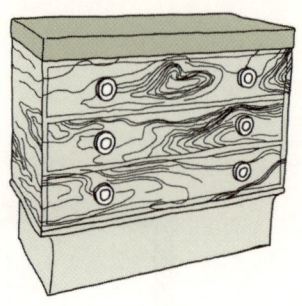

일본의 우즈쿠리 기법*으로 만들어진 그레이의 수납장. 서랍의 나뭇결이 강한 인상을 주기 때문에 얼룩 모양의 수납장이라고 불린다. 상판은 옻칠을 했으며, 손잡이는 상아로 만들었다

"다녀왔습니다" 하고 현관에 들어섰을 때 무언가 인상적으로 눈에 들어오는 것이 있으면 마음이 안정되지 않나요? 이런 것을 공간계획에서는 '아이 스톱'이라고 합니다. 멋진 그림이든 관엽식물이든 어떤 것이든 상관없는데 실용적인 면을 생각하면 개성 있는 수납장을 현관에 두기를 권합니다. 신발장이나 벽장에 보관하기에 적합하지 않은, 현관에 필요한 물건이 있기 때문입니다.

현관 근처에 놓아두면 편리한 물건이 꽤 있습니다. 가령 외출할 때 필요한 열쇠나 잔돈, 장바구니 등등. 그리고 구두를 신을 때 스타킹 올이 나간 사실을 알게 되는 경우도 있습니다. 그럴 때를 대비해서 예비 스타킹도 놓아두면 편리하겠죠. 이 외에도 편지지, 편지봉투, 우표도 현관 수납장에 놓아두면 외출할 때 편지를 써서 바로 우체통에 넣을 수가 있습니다.

그레이가 디자인한 수납장은 작지만 존재감이 있기 때문에 아이 스톱으로도 적절합니다. 개성이 넘치는 디자인이라서 굳이 꽃을 올려놓을 필요도 없습니다. 현관에 개성 있는 수납장이나 좌식 책상인 경상(經床) 등을 배치하여 손님을 맞이해보면 어떨까요.

실용적인 아이 스톱으로서

외출할 때 필요한 열쇠, 잔돈, 장바구니나 예비 스타킹, 일회용 반창고 등을 넣어두면 편리하다.

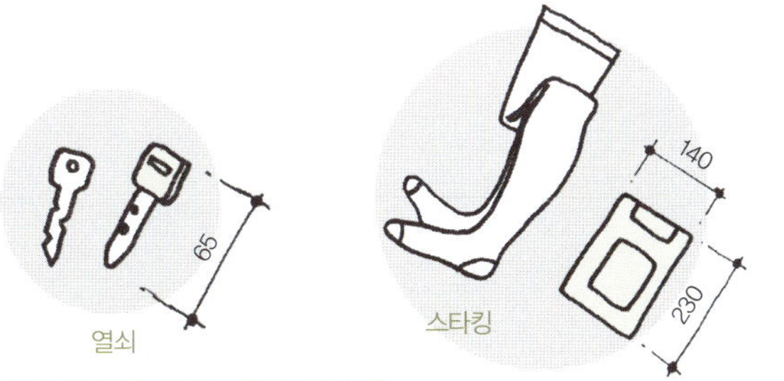

65
열쇠
140
230
스타킹

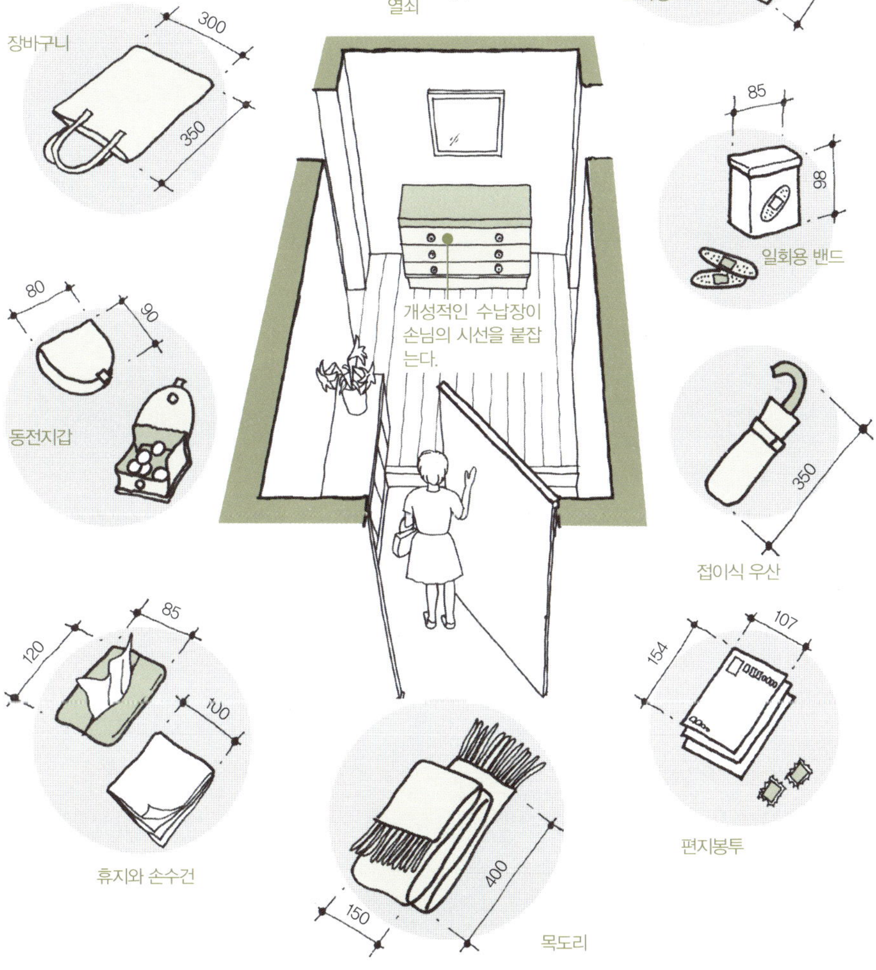

장바구니
300
350
85
98
일회용 밴드
80
90
동전지갑
개성적인 수납장이
손님의 시선을 붙잡
는다.
350
접이식 우산
85
120
100
휴지와 손수건
107
154
편지봉투
400
150
목도리

* 나무의 부드러운 부분을 깨끗이 닦아 얇게 벗겨내서 나뭇결을 돋보이게 한다. 삼나무나 오동나무와 같이 부드러운 목재에 쓰는 기법이다.

재떨이 by 마리안느 브란트

실내를 장식하는 재떨이

담배를 피우지 않게 되면 재떨이는 어디로?

요즘에는 건강에 대한 관심이 높아져 담배를 피우는 사람이 부쩍 줄었습니다. 금연은 쌍수를 들어 환영할 만한 일이지만, 그러면 재떨이가 무용지물이 되고 맙니다.

그런데 기능이 단순하고 유희적인 요소를 지닌 생활용품이라 그런지 비싼 소재에 뛰어난 디자인으로 만들어진 재떨이가 많습니다. 이런 재떨이를 그냥 창고에 썩혀둘 수는 없습니다. 바우하우스에서 나온 재떨이 중에서도 특히 브란트가 디자인한 재떨이가 유명한데, 본품은 은색이었습니다.* 디자인은 단순합니다. 육중한 반원형 몸체에 둥그런 구멍이 뚫려 있을 뿐입니다. 담배를 꽂아두는 부분이 없으면 재떨이라고 생각할 수 없을 정도입니다.

이렇게 아름다운 모양이라면 오브제로서 충분히 실내 장식에 활용할 수 있습니다. 다만 재떨이는 원래 예술작품이 아니라 생활용품입니다. 장식장에 올려놓고 그저 감상만 하기에는 아깝습니다. 현관 수납장이나 책상에 올려놓고 작은 물건들을 넣어두면, 본래의 기능과는 달라도 생활용품으로 활용하면서 그 아름다움도 직접적으로 느낄 수 있지 않을까요.

자연스런 존재감을 보여주는 인테리어로서

작은 물건을 넣어둔다

작은 물건을 넣어두거나 담배처럼 생긴 멋진 서명용 펜을 올려놓고 쓰면 편리하다.

브란트가 디자인한 재떨이는 은으로 만들어졌다.

현관 수납장의 오브제로

소포를 받았을 때 도장이 보이질 않아 고생하던 경험은 누구라도 있을 터. 도장을 넣어두거나 꽃 대신에 오브제로 활용할 수 있다. 언뜻 보면 재떨이라고 여겨지지 않게 생긴 것도 있다.

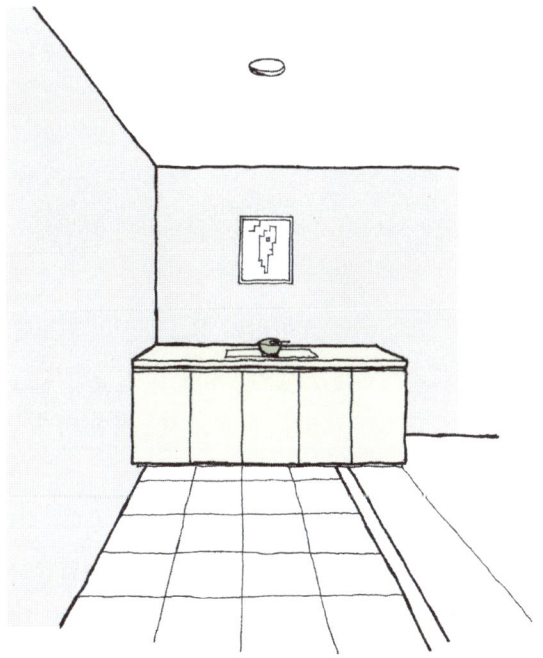

다양한 재떨이

브란트는 바우하우스에 있을 때, 다양한 형태의 재떨이를 디자인했다.

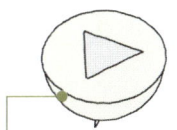

청동으로 만든 반원형 몸체에 삼각형 구멍이 뚫리고 은으로 만든 뚜껑이 달린 재떨이

은으로 만든 재떨이. 뚜껑을 기울여서 재를 밑으로 떨어뜨리는 구조

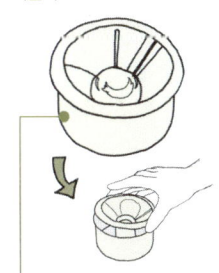

뚜껑을 들어 올리면 가운데에 모여 있던 재가 밑으로 떨어지는 재떨이

* 은 제품은 공기에 접촉하면 검게 변색되어 버리기 때문에 정기적으로 닦아주어야 한다. 사용하지 않을 때는 공기에 닿지 않도록 랩으로 싸서 비닐봉지에 넣어둔다. 위 그림의 재떨이도 인테리어 디자인회사 알레시에서 복각할 때 스테인리스로 만들어졌다.

화장실

바 스툴 by 아일린 그레이

화장할 기분이 나는 의자

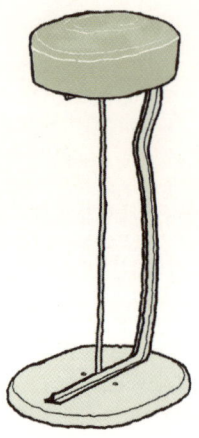

그레이의 바 스툴. 좌면은 검은 가죽으로 만들어졌으며 하얀 자수가 포인트. 다리는 안정감을 주기 위해 조금 거칠게 생겼지만 두드러지지 않을 정도로 하얗게 도장되어 있다.

화장은 아름다워지기 위한 하나의 의식이기 때문에 기분 좋은 환경에서 하고 싶은 법입니다. 방에 있는 전용 화장대에서 하면 좋겠지만 물을 사용하고 싶은 경우도 있습니다. 세면장은 그런 면에서 편리한 곳인데 서서 화장을 하면 불편합니다. 앉아서 하려고 해도 세면대는 테이블보다 높아 일반 의자는 높이가 맞지 않고, 설사 높이가 맞더라도 투박하게 생긴 실용적인 의자에서는 화장할 기분이 나지 않습니다.

그레이의 세면대에는 재미있고 세련되게 생긴 바 스툴이 놓여 있습니다. 바에서 술을 마실 때 사용하는 의자를 집에서 쓰도록 한 점이 그레이답습니다. 일반 의자보다 높은 바 스툴은 스킨케어를 하거나 화장을 할 때 잠깐 앉기에 안성맞춤입니다. 게다가 세련되게 생겼기에 놓아두는 것만으로도 세면대를 화장대로 격상시켜줍니다.

의외의 장소에 멋진 가구를 배치하여 유쾌하게 보낼 수 있는 방법을 보여줍니다.

일상적인 공간을 세련되게

일반적인 의자는 낮다.

높이는 맞아도 볼품없이 생긴 의자는 화장할 기분이 나질 않는다.

그레이의 바 스툴은 여러 종류가 있으니 좋아하는 것을 선택하면 된다.

바 스툴에 앉으면 안성맞춤인 높이. 다리는 바닥에 닿는 편이 힘을 줄 수가 있어 화장하기가 쉽다. 세련된 모습이어서 장식용으로도 가치가 있다.

욕실 by 샤를롯 페리앙

욕실은 편히 쉬는 곳

    일본과 서양의 주택을 비교했을 때 가장 큰 차이가 나는 것은 욕실입니다. 씻는 곳이 따로 없는 유럽의 욕실은 욕조에 몸을 담가 피로도 풀고 그 안에서 씻기도 합니다. 보통 욕조와 변기, 세면대가 한 공간에 있기 때문에 욕조에 몸을 담그면 변기가 눈에 들어오고 공간은 넓어도 왠지 갑갑한 느낌이 듭니다.

    일본인은 욕실에 몸을 씻는 곳이 따로 있어 우선 몸을 씻고 나서 욕조에 몸을 담가 여유롭게 피로를 풉니다. 페리앙은 일본에서 생활하면서 일본인에게 목욕은 몸을 씻는 것만이 목적이 아니라, 옷을 벗고 욕조에 몸을 담그고 옷을 입는 일련의 과정이 휴식을 취하는 일종의 '의식'이라고 생각했습니다. 그래서 그녀는 씻는 곳이 따로 있는 일본식 욕실과, 탈의실·욕실이 한 곳에 있는 유럽식을 조합해서 '의식'의 과정을 자연스럽게 이어서 할 수 있는 욕실을 디자인했습니다.* 항상 바빠서 샤워만 하고 나왔다면 페리앙이 좋아했던 일본 욕실의 장점을 다시 한 번 살펴보시기 바랍니다.

욕실과 화장실의 일반적인 배치

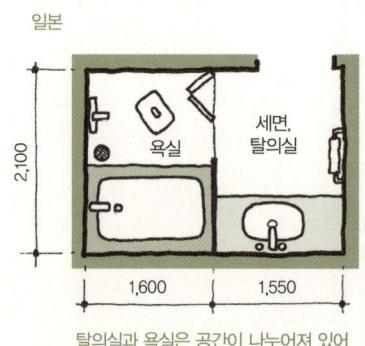

탈의실과 욕실은 공간이 나누어져 있어 좁아지기 쉽다. 화장실은 별도로 있다.

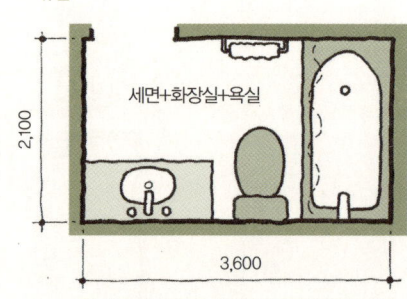

화장실·세면대·욕실이 한 공간에 있기 때문에 변기를 보면서 목욕을 하지만 공간은 넓다.

오밀조밀함과 여유로움을 양립시킨 페리앙의 욕실

일본과 유럽의 장점을 융합

욕실과 탈의실(세면대)을 한 공간에 오밀조밀하게 배치해서 샤워로 몸을 씻고, 욕조에 들어가 휴식을 취하고, 욕조에서 나와 몸차림을 여유롭게 갖추는 과정을 자연스럽고 기분 좋게 할 수 있게 했다. 단순히 몸만 깨끗이 씻을 수 있는 공간이 아니라 목욕의 전 과정을 중시한 공간.

몸을 씻는 것만이 아니다

욕실에서 간단하게 손빨래를 할 때도 있다. 페리앙은 이런 점도 생각해서 접이식 빨래 건조대도 달아놓았다. 욕조에 들어갈 때 방해가 되지 않도록 필요할 때만 꺼내서 쓸 수 있는 매우 실용적인 디자인.

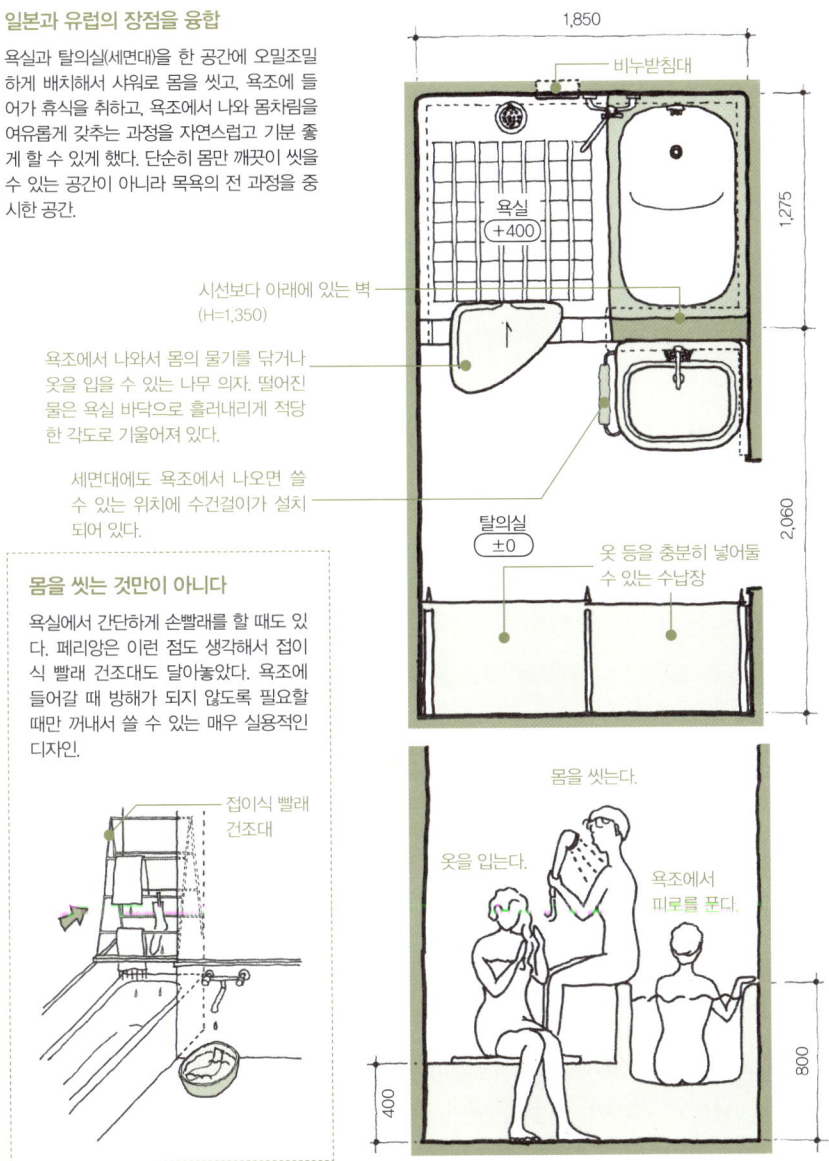

* 욕실과 탈의실을 한 공간에 배치하면, 특히 환기에 주의를 기울여야 한다. 곰팡이가 끼는 것을 방지하기 위해 환풍기는 물론이며 자연적으로 환기를 시킬 수 있도록 창문을 크게 배치해야 한다. 창문은 결로가 끼기 쉽기 때문에 페어유리를 사용하면 좋다.

벽걸이 변기 by 샤를롯 페리앙, 잔 보로

화장실 청소가 쉬워진다

변기 뒤는 청소하기가 어렵다.

　요즘 로봇청소기의 인기가 갈수록 높아지고 있습니다. 구석구석 깨끗하게 청소를 해주지만 바닥에 놓여 있는 물건을 치우면서까지 청소하지는 못합니다. 직접 청소기를 사용할 때도 바닥에 물건이 있으면 귀찮기 그지없는데 특히 가구는 무거워서 쉽게 옮길 수도 없습니다. 벽걸이 유형의 가구를 쓰면 이런 불편을 해소할 수 있으며 먼지가 끼기 쉬운 구석을 줄일 수 있습니다.*

　화장실도 바닥을 청소하기 어려운 곳 중 하나입니다. 요즘에는 단순하게 생긴 변기가 많아졌지만, 변기 뒤에는 좁아서 대걸레가 들어가지 않습니다. 그렇다면 변기를 벽에 걸어두면 청소하기가 편하지 않을까요. 이런 관점에서 페리앙은 설비 설계자인 잔 보로와 함께 벽에 거는 변기를 설계했습니다. 이 편리한 변기는 서서히 인정을 받아 지금은 유럽에서 새로 생기는 화장실에 배치되고 있습니다. 변기를 벽에 걸어놓으면 로봇청소기가 일할 수 있는 공간이 늘어나서 가사 부담이 한층 줄어들지 않을까요.

청소하기 쉬운 벽걸이 구조

산뜻한 디자인이며 유럽에는 멋지게 생긴 변기가 많다.

변기 뒤에 먼지가 쌓이지 않는다

페리앙과 보로가 생각해낸 벽걸이 변기. 벽 뒤쪽으로 배수 설비를 하고 변기를 걸었다.

벽걸이 가구로 청소를 하기 쉽게

가구를 벽에서 떼어놓으면 청소하기가 쉽다. 꼭 벽에 붙어 있지 않은 가구라도 바닥에서 어느 정도 떠 있는 디자인을 선택하면 청소하기 편하다. 물론 바닥에 딱 달라붙어 먼지가 쌓이지 않는 가구도 좋다.

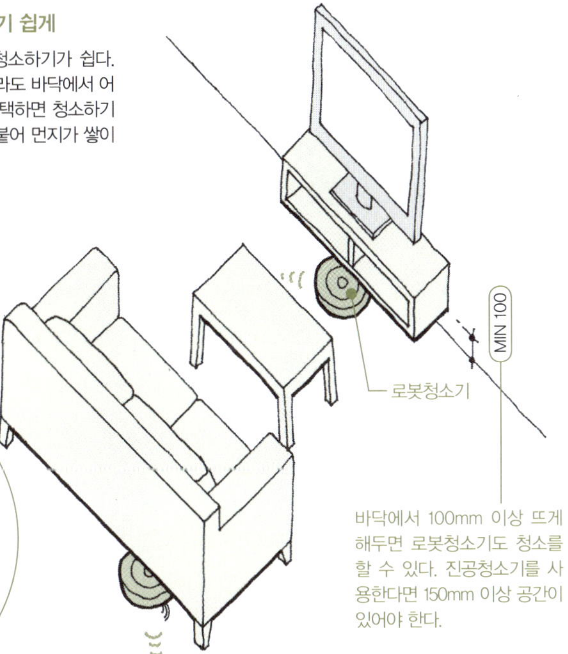

청소기로부터 벽을 지켜주던 목판은 로봇청소기가 등장해서 이제 불필요하게 될까?

― 목판

― 로봇청소기

MIN 100

바닥에서 100mm 이상 뜨게 해두면 로봇청소기도 청소를 할 수 있다. 진공청소기를 사용한다면 150mm 이상 공간이 있어야 한다.

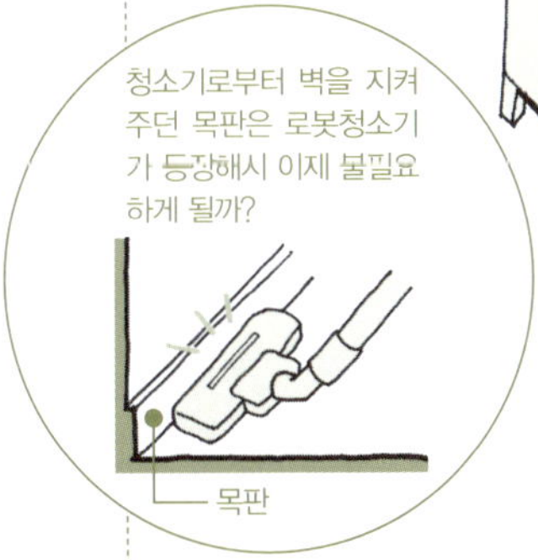

*벽걸이 유형은 벽에서 튀어나온 상태에서 하중을 지탱하고 있기 때문에, 무게에 맞게 벽을 충분히 보강한 후 확실하게 벽에 붙여 놓아야 한다. 앵글을 벽에 대고 볼트로 고정하는 방법 등이 있다.

카스테라 주택과 샤토브리앙 거리 아파트의 수납 by 아일린 그레이

그냥 비워두어서는 안 된다! 더그매 수납

더그매나 다락방에는 수납 공간이 비어 있는 경우가 많다.

계절이 지나면 오랫동안 보관해두어야 하는 물건이 꽤 나오게 마련입니다. 그런데 자주 쓰지 않는 물건은 꺼내기 어려운 곳에 처박아두고 그대로 썩혀두게 됩니다.

더그매는 의외로 공간이 넓어서 특정한 계절에만 쓰는 물건을 넣어두기 안성맞춤이지만, 꺼내 쓸 때마다 사다리와 손전등이 필요해 수납하기가 귀찮습니다. 그래서 그레이는 더그매를 사용하기 쉽게 해주는 구조를 생각해냈습니다. 더그매에 짐을 들고 올라가기 쉬운 계단과 수납한 물건을 한눈에 볼 수 있는 투명한 선반을 설치한 것입니다. 선반을 투명한 아크릴로 만들면 선반에 올려놓은 물건이 무엇인지 밑에서 볼 수가 있습니다. 선반의 크기는 수납하는 물건에 따라 달라지지만, 너무 깊이 들어가게 만들면 손이 닿지 않기 때문에 주의해야 합니다. 그리고 조명을 꼭 설치해야 합니다.*

수납한 물건을 오랫동안 썩혀 두지 않으려면 물건을 꺼내기 쉽게 수납해야 하며, 물건이 잘 보이게 해야 합니다. 더그매를 수납 장소로 활용하기 위한 그레이의 아이디어는 다른 곳에 물건을 보관할 때도 참고가 됩니다.

더그매를 수납 장소로 활용하기 위한 포인트

꺼내기 쉽게 만든다

물건을 꺼낼 때마다 사다리가 필요하지 않도록 더그매에 올라가기 쉬운 구조를 만든다. 그레이는 카스테라 주택의 더그매에 계단에 설치했다.

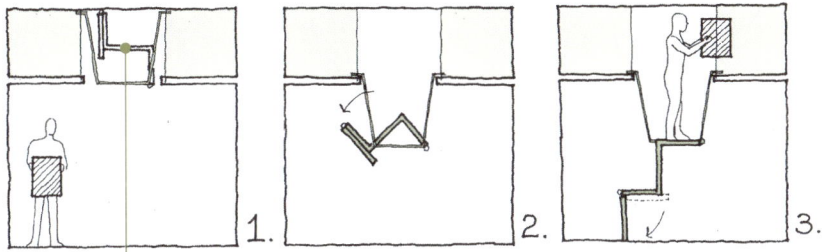

간단한 방법으로 계단이 내려온다.

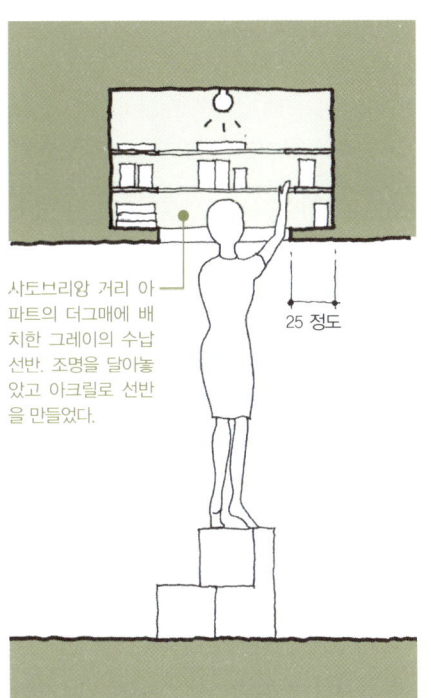

사토브리앙 거리 아파트의 더그매에 배치한 그레이의 수납 선반. 조명을 달아놓았고 아크릴로 선반을 만들었다.

25 정도

수납물이 잘 보이게 한다

수납한 물건이 보이지 않으면 없어진 것과 같다. 한눈에 보기 쉬운 선반을 설치한다. 선반은 세로 길이가 너무 길면 안 되며, 안쪽에 손이 닿을 정도여야 한다. 사용하는 사람의 키와 관계가 있기 때문에 꼼꼼하게 조사를 한다. 조명도 설치해야 하는데 쉽게 손이 닿는 곳에 스위치를 달아놓는다.

선반을 투명한 아크릴로 만들면 밑에서도 무엇을 놓았는지 알 수 있다.

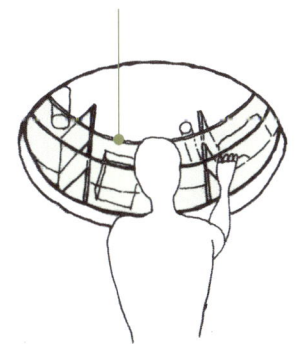

* 더그매에는 조명 외에 환기도 필요하다. 그레이는 평소에는 문이 닫혀 있는 더그매에는 얇은 철판에 구멍을 낸 펀칭메탈로 뚜껑을 만들어 통기를 확보했다. 늘 오픈되어 있는 경우에는 지진 등으로 인해 물건이 떨어져도 상관없도록 비교적 가벼운 물건을 수납한다.

수납

계단 수납 by 샤를롯 페리앙

수납도 하고 올라도 가고

계단 밑의 공간. 꽤 넓은데 삼각형이기에 물건을 수납하기 어렵다.

자고로 아주 작은 공간이라도 수납 장소로 이용하고 싶어지는 법입니다. '틈새 수납'의 대표적인 장소는 계단 밑입니다. 그런데 넓이는 충분하지만 삼각형으로 생겨 그대로 사용하기에는 불편합니다.

전통적인 작은 민가는 틈새 수납의 아이디어로 가득 차 있는데, 상자계단도 그 중 하나입니다. 이름처럼 상자를 쌓아서 만든 계단이며, 계단 밑에 서랍이나 여닫이문을 만들어놓아 물건을 넣어둘 수 있게 해놓았습니다. 수납 공간을 작게 여러 개로 나누어 사용하기에 편해 보입니다. 다만 위에 서랍은 사다리가 없으면 사용할 수 없으며, 계단의 폭이 좁고 급경사이며 난간도 없기에 쉽게 오르내릴 수가 없습니다.

다락방이 있는 30m² 남짓 되는 좁은 아파트에 계단과 수납 장소를 설치해야 할 때, 페리앙은 이 상자계단을 떠올렸습니다. 서랍을 쓰기 어렵고 난간이 없어 위험했던 문제점을 수정하고 해결한 것이 그림에 소개한 계단입니다. 그야말로 옛선인의 지혜를 현대 디자인으로 승화시킨 좋은 예입니다.

다양한 계단 수납

일본의 전통적인 상자계단
전통적인 작은 가옥에서 장롱과 계단의 기능을 겸비했던 공간 절약형 가구. 이동할 수 있는 유형, 기둥이나 벽과 일체가 되어 고정된 유형이 있었다. 상자사다리라고도 불리는데, 형태를 보면 사다리보다 길다란 형태의 계단이다.

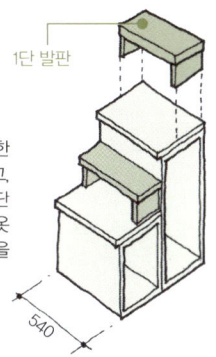

1단 발판

상자계단의 진화
2층 목조건물의 좁은 복도에 상자계단을 응용한 계단을 배치했다. 2단 크기의 상자를 배치하고, 1단 크기의 발판을 각 단 위에 올려놓고 쓰는 단순한 구조이지만, 전통적인 상자계단보다 긴 옷을 걸 수 있는 수납 공간이 많으며, 위의 서랍을 쓰기 어려운 문제를 해소했다.

540

페리앙의 계단 수납

복도에 설치한 수납형 계단

수납

다락과 합쳐 30m² 남짓한 작은 아파트. 다락에 올라가기 위한 계단과 수납장을 설치하기에는 공간이 부족하다. 그래서 나온 것이 바로 수납형 계단이었다.

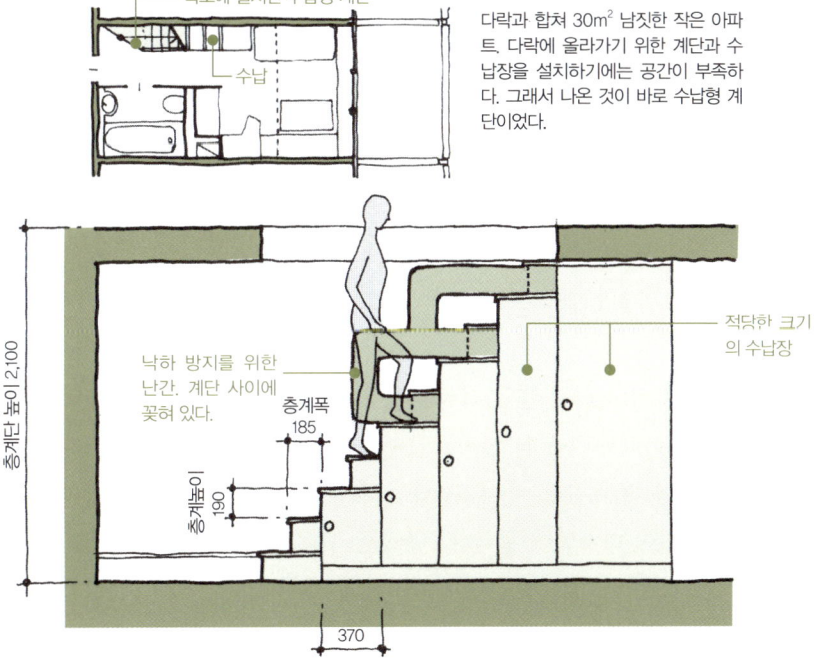

적당한 크기의 수납장

낙하 방지를 위한 난간. 계단 사이에 꽂혀 있다.

층계높이 2,100
층계폭 185
층계높이 190
370

서류 케이스 by 아일린 그레이

수납하는 곳에 이름을 붙여 놓자

세면대 옆에 달아놓은 소형물건 수납대. 바로 옆에 프랑스어로 '소형 물건'이라고 적혀 있다. 프랑스어는 왠지 디자인의 일부분처럼 느껴진다.

깔끔하게 정리해서 넣었는데 막상 꺼내 쓰려고 하면 어디에 무엇을 넣어두었는지 알 수 없는 경우가 종종 있지 않나요. 그렇다면 수납한 곳에 이름을 붙여놓으면 어떨까요.

우선 무엇을 어디에 수납할 것인지를 정합니다. 자주 사용하는 곳 가까이에 수납할 곳을 만들어야 하며, 함께 사용하는 경우가 많은 우표나 봉투 등은 같은 곳에 수납해야 편리하겠죠. 그리고 생긴 모양이나 특징에 따라 수납할 곳을 정합니다. 자연스레 눈에 들어오는 곳에 수납하는 것이 제일 좋습니다.

그런데 서로 비슷하게 생긴 서류를 같은 모양의 서랍이 배치되어 있는 곳에 넣어두면, 어디에 무엇을 넣어두었는지 기억할 수가 없습니다. 그래서 그레이는 각 서랍에 이름을 붙여놓았습니다. 문자도 붙여놓는 방법에 따라서 훌륭한 인테리어 디자인이 됩니다. '멋있게' 붙여놓으면 되는 것이죠. 글자는 모양이 뒤죽박죽이 되기 싫고 쉽게 지저분해지기 때문에 크기, 색깔, 양 등을 생각해서 붙여놓아야 합니다.*

알기 쉽게 이름을 붙이는 포인트

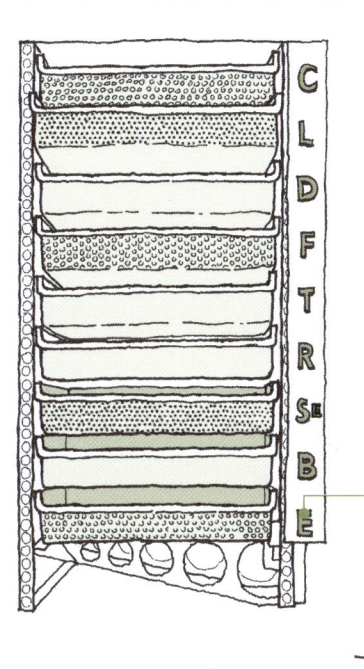

알파벳 이니셜을 오려서 붙인다

펀칭메탈로 만든 서류 케이스. 반투명한 9단짜리 얕은 서랍은 사용하기 편할 것 같지만 어디에 무엇을 넣어 두었는지 알기가 어렵다. 그래서 오른쪽에 수납품 이름을 색종이에 적어서 오려 붙여놓았다. 지저분하지 않도록 이니셜만 붙여놓았다. 글자는 알파벳이 편하다.

— 이니셜을 보면 무엇이 들어 있는지 알 수가 있다.

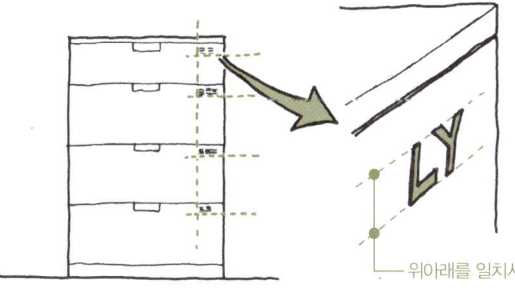

통일시키는 것이 기본

알파벳 이니셜을 붙일 때 기본은 '통일시키는' 것이다. 높이, 폭, 글자의 수 등을 통일시키면 깔끔하게 보인다. 라벨시트보다 오린 글씨나 스텐실을 사용하는 편이 예쁘다. 뒤를 문지르면 글씨가 모사되는 레터링 시트도 깔끔하지만, 마찰에 약하기 때문에 주의가 필요하다.

— 위아래를 일치시킨다.

지나치게 두드러지지 않도록

글씨는 지나치게 크지 않아야 품위가 있어 보이는데, 디자인의 기법으로 오히려 과감히 크게 쓰는 방법도 있다. 그런 경우에는 색을 배경색에 가깝게 해서(가령 하얀 서랍이라면 옅은 회색 글씨 등) 글자가 지나치게 강렬한 인상을 주지 않도록 한다.

* 글씨체(폰트)는 기본적으로 좋아하는 모양을 선택하면 되는데, 깔끔하게 보이고 싶을 때는 세리프(알파벳에서 글씨획의 시작 부분과 끝 부분에 있는 작은 돌출선)가 없는 고딕체 폰트(헬베티카, 에리얼)를 권한다. 그레이가 사용한 폰트는 상급자용.

큐브 체스트 by 아일린 그레이

한눈에 볼 수 있는 의류 수납장

서랍 모양의 의류 수납장은 흔히 볼 수 있지만 꺼낸 서랍의 옷밖에 볼 수 없어 불편하다.

계절이 바뀌어 옷장을 뒤져 보았더니 까맣게 잊고 있던 옷이 나온 경험이 없나요? 의류 정리법에 관한 책에는 1년 동안 입지 않았던 옷은 과감하게 버리라고 적혀 있지만, 아직 충분히 입을 수 있는 옷을 버리기는 아깝죠. 그렇다면 한눈에 옷을 전부 볼 수 있게 해보면 어떨까요.* 외출 준비를 할 때 옷을 전부 볼 수 있다면 어떤 옷을 입고 나갈까 결정하기도 쉽고, 서랍 위쪽에 넣어둔 옷만 입는 일도 없을 겁니다.

그레이가 디자인한 의류 수납장은 서랍을 회전시킬 수가 있어 한 번에 모든 서랍을 들여다볼 수 있습니다. 서랍 바닥은 투명한 아크릴로 되어 있어 아래 서랍에 정리한 옷도 보입니다. 다만 서랍을 열면 공간을 꽤 차지하게 되는 문제점이 있습니다. 그렇다면 이런 문제점을 없애는 방법이 없을까요? 문을 열면 내부가 한눈에 들어오는 냉장고에서 힌트를 얻었습니다. 냉장고의 구조를 참고해서 '한눈에 볼 수 있는 옷장'을 생각해낸 것이죠. 이런 옷장을 여러 개 배치해도 옷을 다 넣을 수 없다면 이제 버리는 쪽으로 생각해봐야 합니다.

안이 보이는 옷장의 아이디어

옷을 한눈에 볼 수 있는 의류 수납장

그레이의 의류 수납장(Cube Chest). 서랍이 회전하기 때문에 한눈에 모든 서랍을 볼 수가 있다. 다만 서랍을 열었을 때 공간을 많이 차지한다.

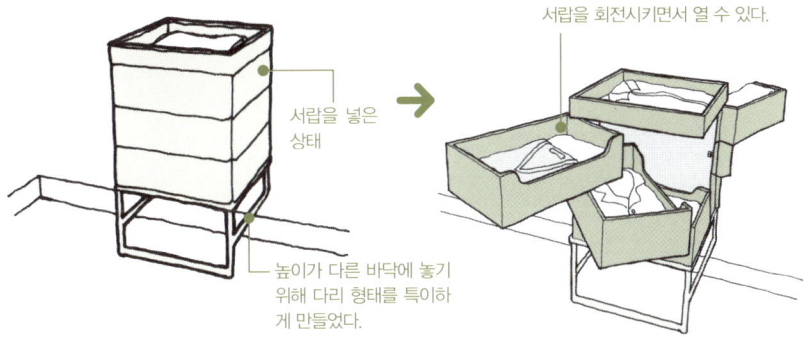

서랍을 넣은 상태

서랍을 회전시키면서 열 수 있다.

높이가 다른 바닥에 놓기 위해 다리 형태를 특이하게 만들었다.

냉장고에서 얻은 힌트

한눈에 안을 볼 수 있는 이 아이디어를 사용한 것이 바로 냉장고다. 문에도 수납할 수 있으며 문을 열면 안에 있는 내용물이 전부 보인다. 이 아이디어를 응용한 옷장이 오른쪽 그림.

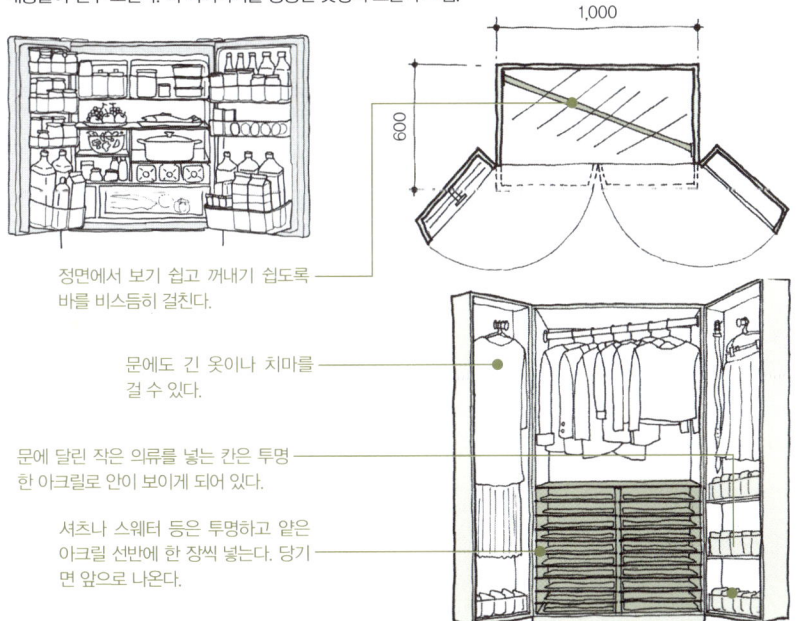

정면에서 보기 쉽고 꺼내기 쉽도록 바를 비스듬히 걸친다.

문에도 긴 옷이나 치마를 걸 수 있다.

문에 달린 작은 의류를 넣는 칸은 투명한 아크릴로 안이 보이게 되어 있다.

셔츠나 스웨터 등은 투명하고 얇은 아크릴 선반에 한 장씩 넣는다. 당기면 앞으로 나온다.

* 옷장의 깊이는 600mm가 기본. 이는 옷을 걸기 위해 필요한 수치지만, 아래에 옷을 넣는 서랍을 설치하면, 서랍치고는 세로 길이가 너무 길다. 안쪽 옷은 보기 어려우니 서랍을 2열로 배치하고 계절마다 앞뒤를 바꾸는 방법도 있다.

유닛 가구 by 샤를롯 페리앙

수납을 규격화하다

크기가 정해져 있는 의류나 서류 등은 유닛 가구에 수납하는 것이 효율적입니다. 유닛 가구는 사이즈가 규격화되어 있으며 장소에 맞춰 자유롭게 배치할 수 있기 때문에 지금은 주된 수납가구가 되었습니다.

유닛 가구를 구매할 때는 수납물의 크기와 유닛의 규격이 맞는지 확인해야 합니다. 페리앙이 코르뷔지에의 사무실에서 세계 최초라고 할 수 있는 유닛 가구(카제, Casier)를 개발할 당시에는 일종의 칸막이벽처럼 건축의 일부분으로 생각했습니다. 그렇기 때문에 지나치게 크고 실용적이지 못했습니다. 그래서 그녀는 20년 뒤 수납품의 치수를 토대로 유닛 가구의 규격을 정해놓자는 생각을 하게 되었습니다. 이 발상은 큰 성공을 거두어 그 뒤 이 디자인과 비슷한 유닛 가구를 곳곳에서 볼 수 있게 되었습니다.

다만 지금은 수납만 할 뿐이기에 코르뷔지에가 생각했던 공간의 일부로서의 역할은 줄어들고 있습니다. 그런 점에서 개량의 여지가 있겠지요.

건축의 요소였던 유닛 가구인 카제

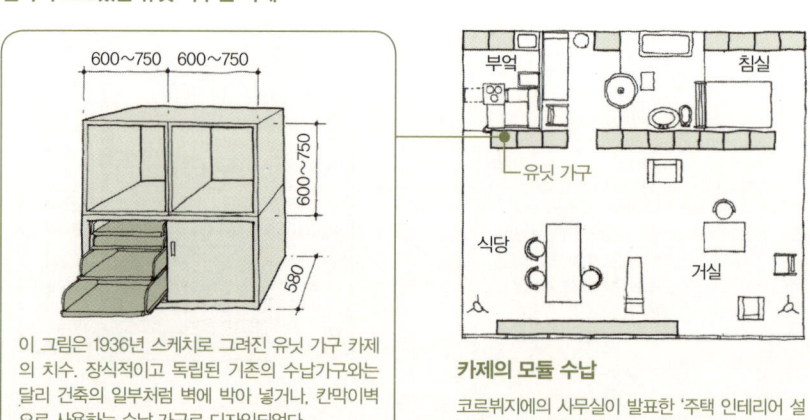

이 그림은 1936년 스케치로 그려진 유닛 가구 카제의 치수. 장식적이고 독립된 기존의 수납가구와는 달리 건축의 일부처럼 벽에 박아 넣거나, 칸막이벽으로 사용하는 수납 가구로 디자인되었다.

카제의 모듈 수납

코르뷔지에의 사무실이 발표한 '주택 인테리어 설비'(1929년)의 칸막이벽으로 사용된 유닛 가구

수납품과 유닛 가구의 크기를 맞춘다

페리앙의 유닛 가구 나무 상자로 만들어진 페리앙의 유닛 가구. 선반이나 서랍을 자유롭게 겹치거나 합치거나 해서, 똑같이 생긴 상자를 다양한 유형의 수납에 사용할 수 있게 만들어졌다.

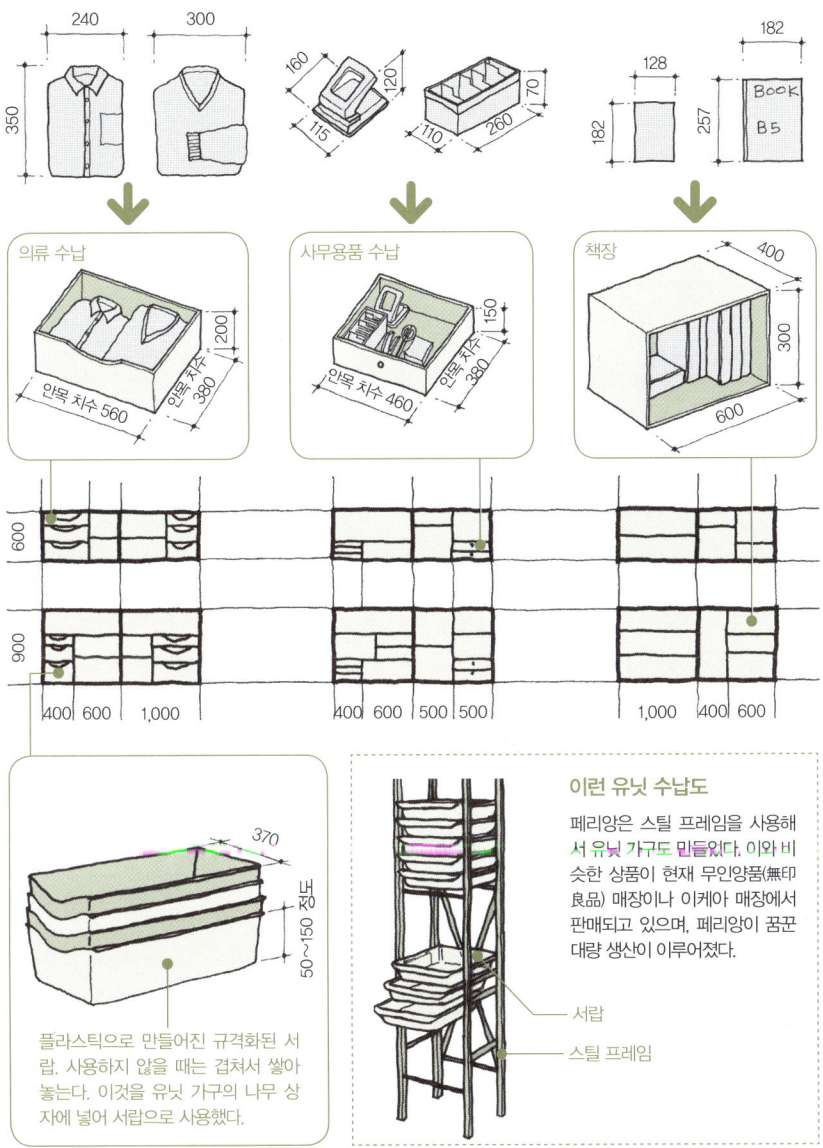

행 잇 올 by 찰스, 레이 임스 부부

무엇이든 걸어라

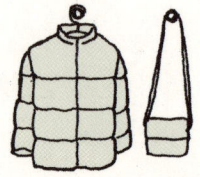

물건은 걸어놓으면 간단하게 정리된다. 현관에도 벽걸이훅이 있으면 편리하다.

자주 쓰는 옷이나 가방 등은 일일이 수납장 속에 넣어두기가 귀찮다보니 방 안 여기저기에 널려 있기 십상입니다. 그럴 때는 벽에 거는 수납법이 유용합니다. 걸어두고 싶은 물건이 정해진 벽에는 벽걸이훅을 박아놓고, 특별히 정해져 있지 않은 벽에는 무엇이든 가볍게 걸 수 있도록 해두는 것이 포인트입니다.

무엇이든 걸 수 있게 해두는 방법의 한 예를 들자면, 일본의 전통가옥에 있는 기둥과 기둥 사이에 길게 대놓은 판자입니다. 나게시(長押)라고 하죠. 손이 닿는 위치에 있기 때문에 옷을 거는 데 주로 사용되었습니다.

현대식 건물에서는 픽처 레일이 이런 역할을 합니다. 애초에 집을 지을 때 설치해두면 두드러지게 보이지 않고 필요에 따라 훅을 더 달 수도 있습니다. 시간이 흘러감에 따라 사용 방법이 바뀌는 아이들 방 등에 설치해두면 편리하겠죠.* 임스의 '행 잇 올(Hang it All)'과 같이 예술작품처럼 훅을 걸어놓는 방법도 있습니다. 무엇을 걸어놓을까 생각하면서 아이들의 상상력이 향상되고, 방 안에 있는 것만으로도 즐거움을 줄 수 있습니다.

벽에 거는 수납은 아이들도 하기 쉽기 때문에 정리하는 습관을 기르게 하는 효과도 있지 않을까요.

벽에 여러 가지를 거는 수납

나게시

나게시는 벽에 둘러쳐져 있기 때문에 방 안 여기저기에 옷걸이가 걸려 있게 되는 경우도…

예전에는 중요한 구조 부재였지만 지금은 옷을 걸어놓는 판자로 인식되어 있다. 위치가 다소 높지만 옷을 충분히 걸어놓을 수 있으며, 자연스럽게 집의 구조로 보여서 좋다.

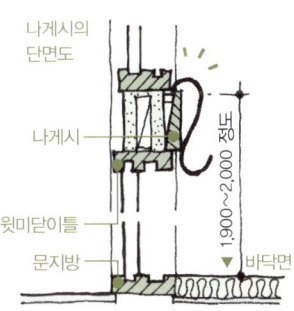

나게시의 단면도

나게시
윗미닫이틀
문지방
바닥면
1,900~2,000 정도

아이 방에 안성맞춤인 픽처 레일

옷은 아이들의 성장에 맞춰서 손이 닿기 쉬운 높이에

천장과 벽을 깔끔하게 이어주는 역할을 한다.

아이가 그린 그림을 장식하기에도 편리

책상 앞에는 코르크 보드를 달아놓는다.

픽처 레일은 한 벽면에 가득 달아놓는 방법을 권한다.

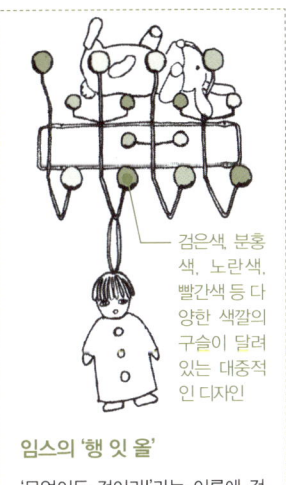

검은색, 분홍색, 노란색, 빨간색 등 다양한 색깔의 구슬이 달려 있는 대중적인 디자인

임스의 '행 잇 올'

'무엇이든 걸어라'라는 이름에 걸맞게 물건을 걸어둘 수 있을 뿐만 아니라 위에 올려놓을 수도 있는 등 다양하게 사용할 수 있다.

* 픽처 레일은 뒤쪽에서도 걸 수 있는데, 천장과 벽의 이음매에 대어놓는 판자에 집어넣으면 레일이 튀어나오지 않아 깔끔하다. 무엇을 달아놓을 것인지 예상해서 그 무게에 맞는 레일과 부재를 선택해야 한다.

건축가의 수납장 by 아일린 그레이

정리를 즐겁게 하는 수납의 지혜

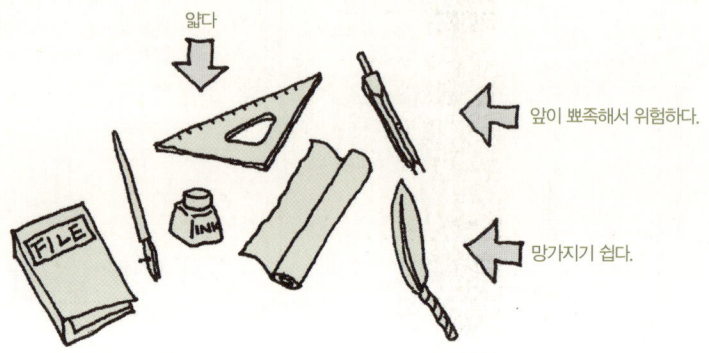

작은 물건에는 제각각 특징이 있다. 그런 특징을 파악하고 수납을 해야 한다.

집 안 정리를 잘하는 요령은 '잡다한 물건이 있을 곳'을 만들어놓는 것이라고 합니다. 이것은 대체 무슨 말일까요?

집 안 여기저기 널려 있는 작은 생활용품들은 형태와 크기, 무게가 다르고 사용하는 빈도도 다릅니다. 그런 특징을 생각하지 않고 적당한 상자에 몰아넣어두면 서로 겹쳐져서 모양이 변할 수도 있습니다. 아니 그보다도 어디에 무엇을 넣었는지 알 수 없게 됩니다.

그레이가 디자인한 건축가의 수납장은 각각의 물건이 있을 곳을 만들어놓았습니다. 다양한 크기의 물건이 제각각 딱 맞게 수납되며, 물건의 특징에 맞게 서랍의 구조가 다르게 생겼습니다. 가령 가볍고 얇게 생긴 것은 가볍게 열리는 '회전식 서랍'에 넣게 되어 있으며, 크고 부정형으로 생긴 것은 '여닫이 서랍'에 넣게 되어 있습니다.* 썼던 물건을 원래 있던 자리에 갖다놓고 싶어지는 멋진 수납장입니다. 조에 콜롬보가 디자인한 '보비 왜건'도 이와 같이 '수납하는 즐거움'을 주고 있기 때문에 오랫동안 인기를 끌고 있는 것이 아닐까요.

수납장의 형태가 물건을 쉽게 정리할 수 있게 해준다

그레이가 제작한 '건축가의 수납장'은 '여기에는 이것, 저기에는 저것을 넣어두자'는 생각이 자연스럽게 나도록 만들어져 있다.

CD 등 디스크 종류는 딱 맞는 크기의 서랍에 넣으면 쓰러지지 않아 알아보기가 쉽다.

가벼운 물건, 얇은 물건은 가볍게 열 수 있는 회전식 서랍에.

긴 물건은 안이 깊은 서랍에.

자주 사용하는 사전 등은 눈에 잘 띄는 선반에.

청소도구 등 부정형이며 눈에 띄지 않게 하고 싶은 물건은 큰 문 뒤에.

아래의 여닫이 서랍에는 무거운 물건이나 평소 사용하지 않는 물건을 넣어둔다. 옛날 사진 등 앨범에 넣지 않는 사진은 필름박스에 넣어두면 보기가 쉽다.

조에 콜롬보의 보비 왜건도 어디에 무엇을 넣을 건지 이리저리 생각해보는 재미가 쏠쏠하다.

*수납품의 특징에 맞는 서랍을 만들기 위해서는 적절한 가구철물을 선택하는 것이 중요하다. 경첩만 해도, 널리 사용되는 슬라이드경첩, 내부에 경첩이 튀어나오지 않는 숨은경첩, 문을 열었을 때 문의 뒷면과 수납장 바닥 판이 평평해지는 미싱경첩 등 여러 종류가 있으니 참고하자.

칸막이

슈뢰더 하우스의 1층 by 트루스 슈뢰더, 헤릿 릿벌트

착시효과로 방을 넓어 보이게 하다

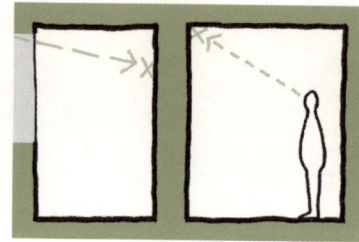

방의 끝이 보이면 좁게 느껴진다.

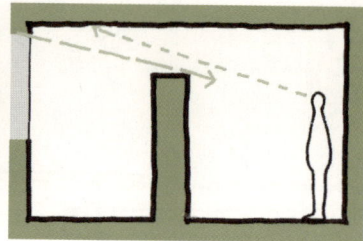

시야가 트이면 천장이 연결된 것처럼 보이기 때문에 방이 넓어 보인다. 옆방에서 비치는 빛도 효과적.

    하나의 공간을 작은 방으로 나누어 놓으면 벽에 갇혀 있는 느낌이 듭니다. 이런 경우에 느슨한 칸막이벽을 사용하면 공간이 차단되지 않아 넓게 느껴진다는 것을 앞서 확인한 바 있습니다. 꼭 벽으로 분리해야 할 때는 시야만이라도 트이게 해주는 편이 좋습니다.

    사람은 방의 끝이 보이지 않으면 공간이 계속 이어지고 있는 듯한 착각을 하게 마련입니다. 그런 습성을 이용해서 벽의 일부를 유리로 만들어 시야를 확보하면 개방된 느낌이 듭니다. 프라이버시를 생각하면 벽의 윗부분을 유리로 하는 편이 좋겠죠. 이어져 있는 듯 보이는 천장과 옆방에서 들어오는 빛의 효과로 방이 한층 넓게 느껴집니다.

    슈뢰더 하우스의 1층은 작은 방으로 나누어져 있는데, 벽의 윗부분에 설치한 창문 때문에 방끼리 이어져 있는 것처럼 보입니다. 가동식 칸막이벽이 적합하지 않는 서재나 스튜디오 같은 방에 벽으로 둘러싸여 있는 안정된 느낌과 넓은 느낌을 줄 수 있는 칸막이 기법입니다.

공간을 넓게 느끼게 하는 포인트

슈뢰더 하우스의 1층

평면도 상으로는 가동식 칸막이벽이 세워져 있는 개방적인 2층(→ 68쪽)과는 달리, 방이 벽으로 확실하게 분할된 듯이 보인다. 하지만 문의 상부 등을 유리로 만들어, 옆방까지 시선이 가게 했기 때문에 좁게 느껴지지 않는다.

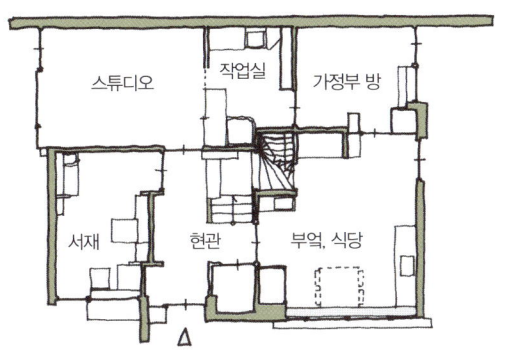

문의 상부가 유리로 되어 있기 때문에 시선이 막히지 않는다.

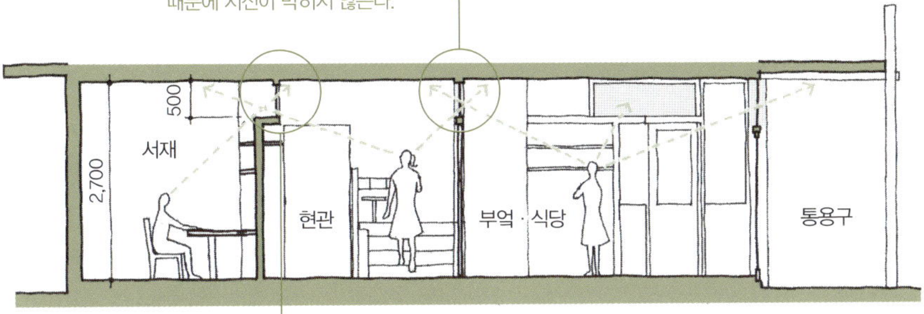

현관의 코트걸이 위에도 서재와 이어지는 창이 나 있다. 홀은 방으로 둘러싸여 있으며 밖으로 통하는 창문이 없기 때문에 채광창 역할도 한다.

르 코르뷔지에가
질투한 공간을 만들다

아일린 그레이
Eileen Gray(1878-1976)

'아일린 그레이에게 경의를 표한 마지막 사람이 르 코르뷔지에이며 그것도 30년 전의 일이라니 이상하지 않는가.' 이 글로 시작하는 1968년 〈도무스〉의 특집기사가 아일린 그레이를 재평가하는 계기가 되었으며, 비로소 그녀는 20세기의 가장 유명한 여성 건축가 중 한 명이 되었습니다. 그레이는 생애를 통틀어 두 개의 주택만 설계했으며 그 주택들도 원형이 남아 있지 않은 지금, 코르뷔지에가 재능을 인정했다는 사실이 그녀가 뛰어난 건축가였다는 근거가 되고 있습니다. 하지만 그레이와 아홉 살 어린 건축계의 거장은 결코 평탄한 관계가 아니었습니다.

아일랜드 귀족의 딸로 태어난 그레이는 파리에서 가구 디자이너가 되어 일세를 풍미했습니다. 차츰 가구에서 공간적인 분야로 관심이 옮겨갔으며, 루마니아 출신의 건축비평가 장 바도비치의 권유로 46세부터 독학으로 건축 공부를 시작했습니다. 1920년대 초에 바도비치의 친구였던 코르뷔지에와 알게 된 후, 그의 새로운 건축 사상에 공명하고 열렬한 팬이 됩니다. 그녀의 처녀작인 E.1027은 언뜻 보면 코르뷔지에의 설계라고 잘못 볼 정도로 영향을 받았습니다. 하지만 그 안에는 코르뷔지에 등에 의해 지나치게 이론화된 근대 건축을 신체나 감성에 호소하는 건축으로 회귀시키려고 한 그녀의 독자적인 신념이 강하게 나타나 있었습니다.

준공 뒤 코르뷔지에는 바로 바도비치에게 E.1027로 초대받았으며, 이 집을 매우 마음에 들어 했습니다. 존경하는 건축가에게 인정받았으니 그레이는 얼마나 기뺐을까요. 하지만 그레이의 건축에 대한 코르뷔지에의 감정은 굴절되어 갔습니다. 그녀에게 E.1027을 칭찬하는 편지를 보낸 해에 그는 이 집의 하얀 벽의 여덟 군데에 벽화(그것도 누드)를 그립니다. 그레이는 자신이 설계한 건물에 낙서를 당하자 크게 화가 나서, 그 뒤 E.1027에 가지 않게 되었습니다. 하지만 코르뷔지에는 더욱더 고약한 행동을 했습니다.

전쟁이 끝난 후 코르뷔지에는 별장을 지었는데, 그곳은 공교롭게도 E.1027의 바로 뒤였습니다. 바도비치가 죽은 뒤 E.1027은 경매에 나오게 되었고, 코르뷔지에는 친구에게 이 주택을 사게 합니다. E.1027를 그레이에게서 멀어지게 하고 그의 지배하에 두고 싶었던 모양입니다. 그러고 나서 코르뷔지에는 별장에서 지내다가 벼랑 밑의 바다로 수영을 하러 갔다가 죽게 됩니다. 그러자 사람의 흔적을 느낄 수 없는 점에 그레이가 반했던 프랑스 남부의 카프 마르탱은 건축계의 성지가 됩니다. 그녀는 98세의 일기로 죽기까지 다시 E.1027를 찾아가는 일이 없었습니다. 그래도 그레이가 남긴 얼마 되지 않은 책 속에는 코르뷔지에가 보낸 편지가 소중하게 보관되어 있었다고 합니다.

▶ 도무스(Domus) 1928년에 창간된 이탈리아의 건축·디자인 잡지. 현재에 이르기까지 디자인계에 큰 영향력을 갖고 있다.
▶ 장 바도비치(Jean Badovici: 1893-1956) 건축비평가. 전위건축가의 작품을 소개한 잡지 〈건축 도락 L' Architecture Vivante〉을 편집했다.
▶ E.1027 프랑스 남부 카프 마르탱의 로케브륀느에 그레이가 바도비치를 위해 설계한 별장. 수수께끼와 같은 작품 이름은 두 사람의 이니셜의 번호를 조합한 것이다.
▶ 카프 마르탱의 별장 르 코르뷔지에가 1952년에 세운 원룸 별장. 모듈러 방식으로 설계되어 있다.

이 책에 실린 작품 리스트

작품명	디자이너	발표년도	페이지		비고
알토 하우스의 부엌	아이노 알토	1935	1장 부엌	24	
알토의 꽃	알바, 아이노 알토 부부	1939	2장 거실	91	★
아크 1600의 마루	샤를롯 페리앙	1968	2장 거실	87	
계단 수납	샤를롯 페리앙	1985	4장 작은 공간 – 수납	173	
카스테라 주택의 수납	아일린 그레이	1934	4장 작은 공간 – 수납	170	
벽걸이 변기	샤를롯 페리앙, 잔 보로	1952	4장 작은 공간 – 화장실	169	
건축가의 수납장	아일린 그레이	1925	4장 작은 공간 – 수납	183	
아이용 장롱	알마 부셔	1923	3장 아이들 방	46	
서버	매리언 그리핀	1909	1장 다이닝룸	55	
사람을 배려한 부엌	아이노 알토	1930	1장 부엌	26	
사보이 베이스	알바, 아이노 알토 부부	1936	2장 거실	90	★
사하라 사막의 부엌	샤를롯 페리앙	1958	1장 부엌	34	
실링라이트	마리안느 브란트	1926	2장 거실	94	
LC4	르 코르뷔지에 피에르 잔느레 샤를롯 페리앙	1928	2장 의자가 만드는 공간	108	★
그림자 의자	샤를롯 페리앙	1955	1장 다이닝룸	56	
샤토브리앙 거리 아파트의 수납	아일린 그레이	1931	4장 작은 공간 – 수납	170	
슈뢰더 하우스	트루스 슈뢰더, 헤릿 릿벌트	1924	2장 거실, 4장 작은 공간 – 칸막이	64~65 68~69 184~185	
서류 케이스	아일린 그레이	1929	4장 작은 공간 – 수납	174	
신문, 잡지용 선반	아이노 알토	1938	2장 거실	92	
소파	플로렌스 놀	1954	2장 거실	70	★
식탁 의자	아이노 알토	1947	2장 거실	93	
작은 집의 모델하우스	아이노 알토	1939	2장 거실	98	
수납장	아일린 그레이	1920's	4장 작은 공간 – 현관	160	
튜브 라이트	아일린 그레이	1930's	2장 거실	83	
책상	트루스 슈뢰더, 헤릿 릿벌트	1931	2장 거실	100	
테이블스탠드	마리안느 브란트 하인리히 브레덴딕	1927	3장 침실, 서재	138	
다나 하우스	프랭크 로이드 라이트 매리언 그리핀	1904	2장 거실	98	
데이베드	릴리 라이히	1930	2장 거실	76	
독신자용 아파트 부엌	릴리 라이히	1931	1장 부엌	32	
일광욕 전용 자리	아일린 그레이	1929	2장 거실	93	
바 스툴	아일린 그레이	1928	4장 작은 공간 – 화장실	164	
재떨이	마리안느 브란트	1924	4장 작은 공간 – 현관	162	
사다리 의자	알마 부셔	1923	3장 아이들 방	150	
파리의 아파트	샤를롯 페리앙	1970	2장 거실	96	
바르셀로나 체어	미스 반 데어 로에, 릴리 라이히	1929	2장 의자가 만드는 공간	114	★
플라스틱 암 체어	찰스, 레이 임스 부부	1950	2장 의자가 만드는 공간	118	★
플라스틱 사이드 체어	찰스, 레이 임스 부부	1953	2장 의자가 만드는 공간	118	★
프랑크푸르트 부엌	마가레테 리호츠키	1926	1장 부엌	20~22, 25	
자유로운 형태의 프리폼 식탁	샤를롯 페리앙	1938	1장 다이닝룸	42	

작품명	디자이너	발표년도	페이지		비고
브릭 스크린	아일린 그레이	1925	2장 거실	66	
욕실	샤를롯 페리앙	1952	4장 작은 공간 – 화장실	116	
플로어스탠드	아일린 그레이	1920's	2장 거실	82	
침대 옆 사이드테이블	트루스 슈뢰더, 헤릿 릿벨트	1926	3장 침실, 서재	132	
펜던트 조명	아이노 알토	1938	1장 다이닝룸	52	
보비 왜건	조에 콜롬보	1969	4장 작은 공간 – 수납	183	★
빌라 마이레아의 거실	아이노 알토	1938	2장 거실	84	
메리벨 산장	샤를롯 페리앙	1960	3장 침실, 서재	130	
유닛 가구	샤를롯 페리앙	1948	4장 작은 공간 – 수납	178	
유니테 부엌	샤를롯 페리앙	1950	1장 부엌	28, 30	
라운지 체어	아이노 알토	1938	2장 거실	80	

작품명	디자이너	발표년도	페이지		비고
유리 텀블러(Bolgeblick)	아이노 알토	1932	1장 다이닝룸	50	★
셰즈(Chaise)	찰스, 레이 임스 부부	1968	2장 의자가 만드는 공간	120	★
서클 패턴(Circle Pattern)	레이 임스	1947	3장 침실, 서재	136	★
큐브 체스트(Cube Chest)	아일린 그레이	1934	4장 작은 공간 – 수납	176	
도트 패턴(Dot Pattern)	레이 임즈	1947	3장 침실, 서재	136	★
DCW	찰스, 레이 임스 부부	1946	2장 거실	73	★
E.1027 테이블	아일린 그레이	1929	3장 침실, 서재	134	★
E.1027	아일린 그레이	1929	2장 거실	74	
폴딩 스태킹 체어(Folding Stacking Chair)	샤를롯 페리앙	1936	2장 의자가 만드는 공간	122	
행 잇 올(Hang it All)	찰스, 레이 임스 부부	1953	4장 작은 공간 – 수납	180	★
하이 앤 로우 테이블(High&Low Table)	아일린 그레이	1934	1장 다이닝룸	44	
어빙 데스크(Irving Desk)	매리언 그리핀	1909	2장 거실	88	
라 셰즈(La Chaise)	찰스, 레이 임스 부부	1948	2장 의자가 만드는 공간	118	★
LC2	르 코르뷔지에, 피에르 잔느레, 샤를롯 페리앙	1928	2장 의자가 만드는 공간	116	★
LC7	르 코르뷔지에, 피에르 잔느레, 샤를롯 페리앙	1927	1장 다이닝룸	48	★
LC8	르 코르뷔지에, 피에르 잔느레, 샤를롯 페리앙	1927	1장 다이닝룸	49	
LR36, 103	릴리 라이히	1937	2장 의자가 만드는 공간	110	
M. J. Muller 주택의 아이들 방	트루스 슈뢰더, 헤릿 릿벨트	1924	3장 아이들 방	148	
MR 체어	미스 반 데어 로에	1927	2장 의자가 만드는 공간	110	★
논콘포미스트 체어(non-conformist chair)	아일린 그레이	1930	2장 의자가 만드는 공간	112	
확장 테이블(Ospite)	샤를롯 페리앙	1927	1장 다이닝룸	46	★
플라이우드 커피 테이블(Plywood Coffee Table)	찰스, 레이 임스 부부	1946	2장 거실	72	★
토이 박스(Toy Box)	아이노 알토	1940's	3장 아이들 방	152	
트랜셋 체어(Transat Chair)	아일린 그레이	1927	2장 의자가 만드는 공간	108	
월넛 스툴(Walnut Stool)	찰스, 레이 임스 부부	1960	2장 거실	78	★

※ : 비고 안의 ★는 현재 신품을 구입할 수 있는 작품을 뜻한다.

참고 문헌

『Eileen Gray — Architect Designer』 개정판 Peter Adam, Thames & Hudson, 2000년
『Eileen Gray』 Francais Baudot, 호리우치 하나코 역, 고린샤, 1998년
『Eileen Gray Design and Architecture』 Philippe Garner, Taschen, 2006년
『샤를롯 페리앙 자전』 샤를롯 페리앙, 기타다이 미와코 역, 미스즈쇼보, 2009년
『Charlotte Perriand, An Art of Living』 Mary McLeoded, Harry N.Abrams, Inc., 2003년
『르 코르뷔지에의 가구』 레너드 데 푸스코, 요코야마 다다시 역, A.D.A.Edita, 1978년
『프리시전』 르 코르뷔지에, 이다 야스히로, 시바 유코 공역, 가고시마 출판회, 1984년
『The Le Corbusier Archive:Unite d'Habitation, Marseille-Michelet, Volume II』 H.Allen Brooks,ed., Garland Publishing, 1991년
『Lilly Reich: Designer and Architect』 Matilda McQuaid, Museum of Modern Art, New York, 1996년
『Ludwig Mies van der Rohe & Lilly Reich Furniture and Interiors』 Christiane Lange, Hatje Cantz, 2007년
『평전 미스 반 데어 로에』 프란츠 슐츠, 사와무라 아키라 역, 가고시마 출판회, 1985년
『리트펠트의 가구』 다니엘 발로니, 이시가미 신하치로 역, A.D.A.Edita, 1979년
『리트펠트의 건축』 오쿠 가야, TOTO출판, 2009년
『Gerrit Reitveld』 Ida van Ziji, Phaidon, 2010년
『릿벌트 슈뢰더 하우스-부인이 말하는 위트레흐트의 소주택』 Ida van Zijl, Bertus Mulder 편저, 다이 미키오, 쇼코쿠샤, 2010년
『Aino Aalto』 Heikki Alanen 외, Alvar Aalto Museum, 2004년
『하얀 책상』 요한 슐츠, 다나카 마사미, 다나카 도모코 역, 가고시마 출판회, 1986년
『Frank Lloyd Wright Interiors and Furniture』 Thomas A. Heinz, Ernst & Sohn, 1994년
『Women in the Shadows』 Charles S. Chiu, Peter Lang, 1994년

『The Bauhaus』 Hans M. Wingler, MIT Press, 1978년

『미사와 홈, 바우하우스 컬렉션 도록』 주식회사 미사와홈, 1991년

『근대 일본의 욕탕, 부엌, 화장실』 와다 나호코, 가쿠에이 출판사, 2008년

『초실천적 '주택조명' 매뉴얼』 후쿠다 요시코, 쇼샤칸, 2011년

『주거해부도감』 마스다 스스무, 쇼샤칸, 2009년

『주택 인테리어 궁극 가이드【개정판】』 무라가미 다이치, 쇼샤칸, 2010년

『Space Design Series 1 주택』 편집 대표 후나코시 도오루, 신일본법규출판 주식회사, 1994년

『건축자료집성 물품』 일본건축학회 편, 마루젠

『건축자료집성 건축-생활』 일본건축학회 편, 마루젠

「Art Vivant 5호 특집=아일린 그레이」 세이부 미술관, 1982년

「Japan Interior Design no.297 특집=아일린 그레이」, 1983년 12월호

「일상속의 르 코르뷔지에, 샤를롯 페리앙 인터뷰」「유리이카 임시 증간 vol. 20-15」, 1988년

「프랑크푸르트 부엌다키 고지」「헤르메스 No. 19」, 1989년

「전선 -『E.1027』」 베아트리즈 꼴로미나, 「10+1 No. 10」, 1997년

「페리앙을 알고 있습니까?」 브루투스 10월 15일호, 1998년

「천재 디자이너, 임스의 모든 것」「카사 브루투스 특별편집」, 2003년

「알마 부셔의 아이들 방소마다 가호」「주택특집 12월호」, 2003년

「이상적인 부엌을 만드는 법」「카사 브루투스 3월호vol. 132」, 2011년

주거 인테리어 해부도감

1판 1쇄 발행 | 2013년 3월 8일
1판 16쇄 발행 | 2024년 11월 22일

지은이 | 마쓰시타 기와
옮긴이 | 황선종

발행인 | 김기중
주간 | 신선영
편집 | 백수연, 정진숙
마케팅 | 김보미
경영지원 | 홍운선

펴낸곳 | 도서출판 더숲
주소 | 서울시 마포구 동교로 43-1 (04018)
전화 | 02-3141-8301~2
팩스 | 02-3141-8303
이메일 | info@theforestbook.co.kr
페이스북 | @forestbookwithu
인스타그램 | @theforest_book
출판신고 | 2009년 3월 30일 제2009-000062호

ISBN 978-89-94418-52-0 (13590)

- 이 책은 도서출판 더숲이 저작권자와의 계약에 따라 발행한 것이므로
  본사의 서면 허락 없이는 어떠한 형태나 수단으로도 이 책의 내용을 이용하지 못합니다.
- 잘못된 책은 구입하신 곳에서 바꾸어 드립니다.
- 책값은 뒤표지에 있습니다.
- 독자 여러분의 원고를 기다리고 있습니다. 출판하고 싶은 원고가 있는 분은
  info@theforestbook.co.kr로 기획 의도와 간단한 개요를 적어 연락처와 함께 보내주시기 바랍니다.